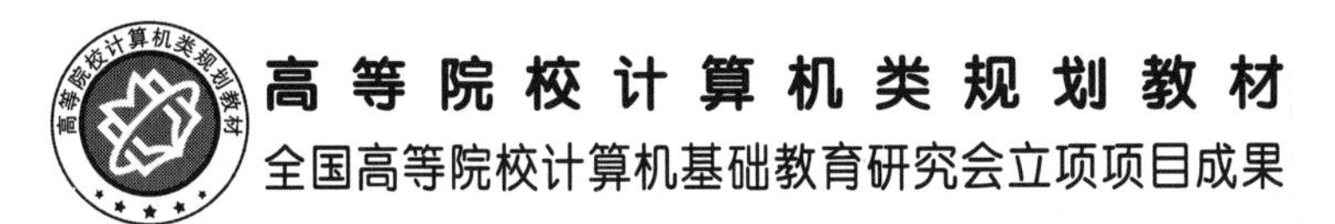

计算机系统实验教程

主　编　杨志奇

副主编　何　颖　李春阁　吕　蔚

北京邮电大学出版社
www.buptpress.com

内容简介

本书的目标是实现计算机应用型人才的系统能力培养，内容以C语言编译生成可执行文件后在硬件上的执行为主线，将“C语言程序设计”“汇编语言程序设计”“计算机组织与结构”“数字逻辑”“微机接口”等课程的实验、实践内容进行有机组合。本书采用分解计算机系统能力的实验目标、逐层深入、自底向上的实验设计思路。

本书共分8章，分别介绍了Proteus使用简介，Verilog HDL基础，FPGA开发板及Vivado开发工具的使用，数字逻辑电路实验，数据验证及运算器设计实验，汇编语言编译器的使用，8086汇编语言程序设计实验，存储器、单周期CPU及输入输出实验等内容。

本书内容循序渐进、浅显易懂、实验内容丰富，可作为计算机类专业本科及专科院校讲授计算机系统方面的实验教材。

图书在版编目(CIP)数据

计算机系统实验教程 / 杨志奇主编. -- 北京 ：北京邮电大学出版社，2024.3
ISBN 978-7-5635-7180-2

Ⅰ. ①计… Ⅱ. ①杨… Ⅲ. ①计算机系统－实验－教材 Ⅳ. ①TP30-33

中国国家版本馆CIP数据核字(2024)第058502号

策划编辑：马晓仟　**责任编辑**：满志文　**责任校对**：张会良　**封面设计**：七星博纳

出版发行：北京邮电大学出版社
社　　址：北京市海淀区西土城路10号
邮政编码：100876
发 行 部：电话：010-62282185　传真：010-62283578
E-mail：publish@bupt.edu.cn
经　　销：各地新华书店
印　　刷：保定市中画美凯印刷有限公司
开　　本：787 mm×1 092 mm　1/16
印　　张：12.25
字　　数：312千字
版　　次：2024年3月第1版
印　　次：2024年3月第1次印刷

ISBN 978-7-5635-7180-2　　定价：36.00元

前　言

近年来，随着人工智能、大数据、云计算、物联网等新技术的快速发展和广泛应用，计算机系统及其应用不断呈现出新的特征，形成了嵌入式计算、移动计算、并行计算、智能计算、服务计算等多计算平台并存和融合的计算模式，处理的对象也呈现出网络化、多媒体化、大数据化和智能化需求的特征。另外，超级计算机也得到了迅速的发展，如我国自主研制的“天河三号”超级计算机采用全自主创新的自主飞腾 CPU、自主天河高速互联通信、自主麒麟操作系统。“天河三号”超级计算机，浮点计算处理能力达到 10 的 18 次方，其工作一小时相当于 13 亿人上万年的工作量。

党的二十大报告中指出：“深入实施人才强国战略，坚持尊重劳动、尊重知识、尊重人才、尊重创造，完善人才战略布局，加快建设世界重要人才中心和创新高地，着力形成人才国际竞争的比较优势，把各方面优秀人才集聚到党和人民事业中来”。在计算机技术迅速发展的今天，计算机专业人才必须具有“系统观念”，即具有一定的计算机系统能力，也就是能够解决复杂工程问题和进行软硬件协同设计。因此，具有计算机系统能力的计算机类专业人才才能适应新工科背景下市场对人才需求的不断变化。计算机系统能力的培养主要从理论知识体系、实验实训体系、实验教学平台等方面来体现，并提高学生对计算机系统的分析、设计、创新等能力。

我校自 2010 年开设的“计算机系统平台”是一门涉及计算机硬件与软件技术的综合性专业基础课，学生可以通过学习该课程内容，增强软、硬件相结合的能力，树立起计算机体系结构的基本概念，从而提高其系统能力。

“实践是检验真理的唯一标准”，“计算机系统平台”也是一门对实践性要求很高的课程，没有实验教学的成功就无法实现教学目标。本书在设计、安排实验内容时遵循由简到难、由软到硬、从验证性实验到综合性实验的标准。以问题为导向，教材在验证性实验中不再采用传统的实验箱方式，而是将从 C 语言程序设计中产生的问题，用硬件知识进行验证，让学生理解 C 语言程序与底层硬件之间的关系。在设计性的实验中，用虚拟平台进行电路设计，真正让学生能从最底层的逻辑元件设计出具有一定功能的部件。在综合性的实验中，注意培养学生综合运用所学知识的能力。依据计算机系统能力的要求，将一门课程的多个知识点或多门课程的多个知识点进行组合设计。

本书的一大特色是通过引入 Proteus 仿真软件做实验平台，解决了硬件实验受限于时间、地点、设备的问题。Proteus 是英国 Labcenter Electronics 公司开发的电子设计自动化软件，Proteus 拥有丰富的元器件模型，提供对 8086、ARM、PIC 等主流处理器的支持；具有多样的虚拟仪器、强大的图表分析功能和第三方集成开发环境。在 Proteus 出现前，传统的实验教学一般都要在实验课上完成，学生只有在上实验课时才能动手进行实验操作，不仅灵活性差，硬件电路不便改动，而且也不利于系统能力的提高。当前，利用 Proteus 等仿真软件进行电路设计已经成为电子技术发展的必然趋势。

本书共由8章组成。第1章介绍了 Proteus 软件的使用，目的是让学生掌握使用 Proteus 进行硬件电路设计的基本方法。第2章讲述了 Verilog HDL 的特点和基本内容，为学生使用 Verilog HDL 进行 FPGA 相关的数字逻辑电路实验打下基础。第3章讲述了 FPGA 开发板及 Vivado 开发工具的使用方法及设计流程，是学生进行相关 FPGA 数字逻辑电路实验的基础知识。第4章由浅入深地安排了数字逻辑电路实验，每个实验都包括实验目的、实验内容、实验要求和实验步骤，可以作为一个小项目让学生来做，从而让学生真正成为实习、实践的主体。建议在学习时，鼓励学生先自己动手编写实验程序，最后再看实验参考程序，从而加深对数字逻辑电路的理解。第5章循序渐进地安排了数据验证及运算器设计实验的内容，每个实验都包括实验目的、实验内容、实验要求和实验步骤，本章实验目的是通过实际的例子，让学生理解C语言程序与底层硬件之间的关系以及运算器的设计流程。第6章介绍了 Emu8086、Masm 集成开发环境两种汇编编译软件。Emu8086 动态调试（DEBUG）时非常方便，使用 Emu8086 进行汇编语言的编译和调试有助于学生对汇编语言语法和语义的了解。第7章安排了几个汇编语言的实验，目的是让学生掌握汇编语言编程的基本方法和结构，从而掌握计算机系统中关键层〔ISA（指令集架构）层〕的含义。第8章渐进式地安排了存储器、单周期 CPU 及输入输出实验的内容，每个实验都包括实验目的、实验内容、实验要求、实验步骤及实验参考程序，通过实验使学生理解并掌握存储器、CPU、计算机输入/输出的原理及基本设计方法。

本书是全国高等院校计算机基础教育研究会教改课题（课题编号：2023-AFCEC-410）的研究成果。本书由杨志奇担任主编，何颖、李春阁、吕蔚担任副主编。在教材的编写过程中作者总结了多年的实验教学经验，并参考了多种国内、国外相关资料，在此向这些资料的作者们致谢。鉴于作者水平有限，书中难免有不妥之处，敬请读者批评指正。

杨志奇
天津仁爱学院

目　　录

第 1 章　Proteus 使用简介

EDA 是电子设计自动化(Electronic Design Automation)的缩写,简单来说就是利用计算机辅助设计软件来完成超大规模集成电路芯片的功能设计,综合验证,物理设计等流程的设计方式。整个芯片的最开始环节其实就是从设计开始的,而设计就离不开 EDA,EDA 对整个芯片行业的生产效率、产品技术水平都有着重要的影响。当然除了芯片设计之外,实际上 EDA 还广泛应用在通信、航空航天、机械等多个领域,在现代工业当中,EDA 工具软件已经成为必不可缺的一种软件。

最近几年我国也在大力发展芯片行业,作为芯片之母的 EDA 也引起了国家的高度重视,国家也推出了很多政策促进 EDA 软件的发展,这几年我国也诞生做了很多优秀的 EDA 企业。目前我国比较知名的 EDA 企业包括华大九天、概伦电子、广立微、等等。

Proteus 软件是由英国 Labcenter Electronics 公司开发的 EDA 工具软件,自 1989 年问世以来在全球得到了广泛应用。Proteus 软件的功能强大,它集电路设计、制版及仿真等多种功能于一身,不仅能够对电工、电子技术、数字逻辑等领域涉及的电路进行设计与分析,还能够对微处理器(单片机)进行设计和仿真,并且元器件丰富、功能齐全、界面多彩,是近年来备受电子设计爱好者青睐的一款电子线路设计与仿真软件。

下面以 Proteus 7.5 为例,介绍 Proteus 软件的工作环境和基本操作。

1.1　启动 Proteus ISIS

双击 Windows 桌面上的 ISIS 7 Professional 图标或者单击左下方的“开始”→“程序”→“Proteus 7 Professional” →“ISIS 7 Professional”,出现如图 1-1 所示屏幕,表明成功启动了 Proteus ISIS 7.5 集成环境。

1.2　Proteus 工作界面

Proteus ISIS 的工作界面是遵从 Windows 标准的图形界面,如图 1-2 所示。Proteus ISIS 的工作界面包括:标题栏、主菜单、标准工具栏、绘图工具栏、状态栏、对象选择按钮、预览对象方位控制按钮、仿真进程控制按钮、预览窗口、对象选择器窗口、图形编辑窗口。

1.3　Proteus 菜单命令简述

下面分别列出 Proteus ISIS 界面的主窗口和四个输出窗口的全部菜单项。对于主窗口,在菜单项旁边,还列出了工具条中对应的快捷鼠标按钮。

图 1-1 启动时的屏幕

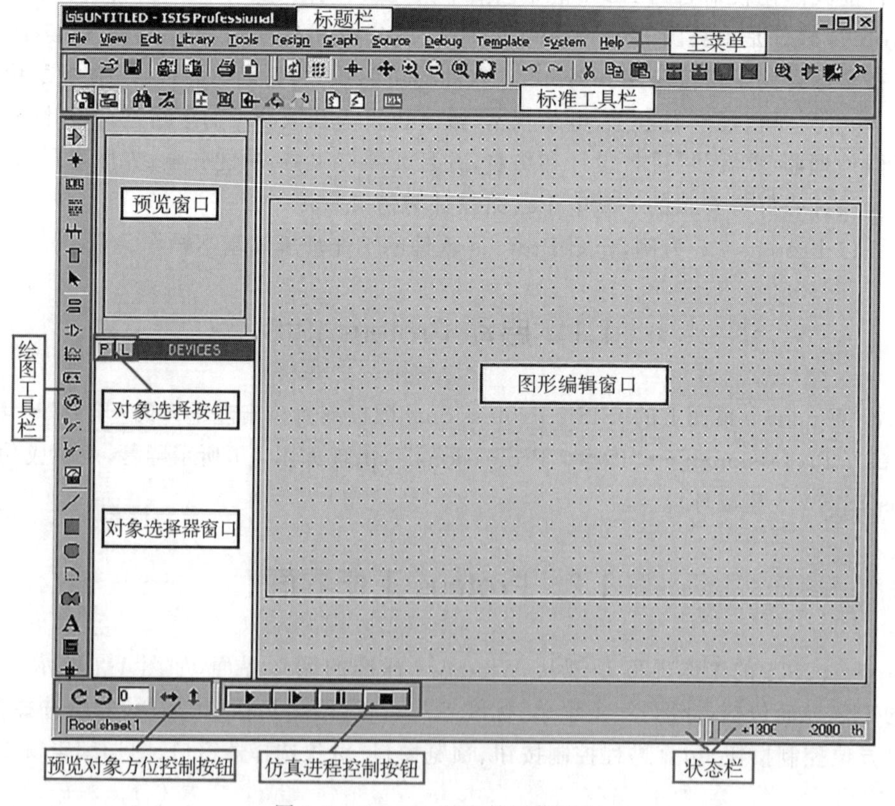

图 1-2 Proteus ISIS 的工作界面

1. 主窗口菜单

1) File(文件)

(1) New(新建) 新建一个电路文件

(2) Open(打开) 打开一个已有电路文件
(3) Save(保存) 将电路图和全部参数保存在打开的电路文件中
(4) Save As(另存为) 将电路图和全部参数另存在一个电路文件中
(5) Print(打印) 打印当前窗口显示的电路图
(6) Page Setup(页面设置) 设置打印页面
(7) Exit(退出) 退出 Proteus ISIS
2) Edit(编辑)
(1) Rotate(旋转) 旋转一个欲添加或选中的元件
(2) Mirror(镜像) 对一个欲添加或选中的元件镜像
(3) Cut(剪切) 将选中的元件、连线或块剪切入裁剪板
(4) Copy(复制) 将选中的元件、连线或块复制入裁剪板
(5) Paste(粘贴) 将裁剪板中的内容粘贴到电路图中
(6) Delete(删除) 删除元件,连线或块
(7) Undelete(恢复) 恢复上一次删除的内容
(8) Select All(全选) 选中电路图中全部的连线和元件
3) View(查看)
(1) Redraw(重画) 重画电路
(2) Zoom In(放大) 放大电路到原来的两倍
(3) Zoom Out(缩小) 缩小电路到原来的 1/2
(4) Full Screen(全屏) 全屏显示电路
(5) Default View(缺省) 恢复最初状态大小的电路显示
(6) Simulation Message(仿真信息) 显示/隐藏分析进度信息显示窗口
(7) Common Toolbar(常用工具栏) 显示/隐藏一般常用工具条
(8) Operating Toolbar(操作工具栏) 显示/隐藏电路操作工具条
(9) Element Palette(元件栏) 显示/隐藏电路元件工具箱
(10) Status Bar(状态信息条) 显示/隐藏状态信息条
4) Place(放置)
(1) Wire(连线) 添加连线
(2) Element(元件) 添加元件
① Lumped(集总元件) 添加各个集总参数元件
② Microstrip(微带元件) 添加各个微带元件
③ S Parameter(S 参数元件) 添加各个 S 参数元件
④ Device(有源器件) 添加各个三极管、FET 等元件
(3) Done(结束) 结束添加连线、元件
5) Parameters(参数)
(1) Unit(单位) 打开单位定义窗口
(2) Variable(变量) 打开变量定义窗口
(3) Substrate(基片) 打开基片参数定义窗口

(4) Frequency(频率)　　打开频率分析范围定义窗口
(5) Output(输出)　　打开输出变量定义窗口
(6) Opt/Yield Goal(优化/成品率目标)　　打开优化/成品率目标定义窗口
(7) Misc(杂项)　　打开其他参数定义窗口

6) Simulate(仿真)
(1) Analysis(分析)　　执行电路分析
(2) Optimization(优化)　　执行电路优化
(3) Yield Analysis(成品率分析)　　执行成品率分析
(4) Yield Optimization(成品率优化)　　执行成品率优化
(5) Update Variables(更新参数)　　更新优化变量值
(6) Stop(终止仿真)　　强行终止仿真

7) Result(结果)
(1) Table(表格)　　打开一个表格输出窗口
(2) Grid(直角坐标)　　打开一个直角坐标输出窗口
(3) Smith(圆图)　　打开一个 Smith 圆图输出窗口
(4) Histogram(直方图)　　打开一个直方图输出窗口
(5) Close All Charts(关闭所有结果显示)　　关闭全部输出窗口
(6) Load Result(调出已存结果)　　调出并显示输出文件
(7) Save Result(保存仿真结果)　　将仿真结果保存到输出文件

8) Tools(工具)
(1) Input File Viewer(查看输入文件)　　启动文本显示程序显示仿真输入文件
(2) Output File Viewer(查看输出文件)　　启动文本显示程序显示仿真输出文件
(3) Options(选项)　　更改设置

9) Help(帮助)
(1) Content(内容)　　查看帮助内容
(2) Elements(元件)　　查看元件帮助
(3) About(关于)　　查看软件版本信息

2. 表格输出窗口(Table)菜单

1) File(文件)
(1) Print(打印)　　打印数据表
(2) Exit(退出)　　关闭窗口

2) Option(选项)
Variable(变量)　　选择输出变量

3. 方格输出窗口(Grid)菜单

1) File(文件)
(1) Print(打印)　　打印曲线
(2) Page setup(页面设置)　　打印页面
(3) Exit(退出)　　关闭窗口

2) Option(选项)

(1) Variable(变量)　　选择输出变量

(2) Coord(坐标)　　设置坐标

4. Smith 圆图输出窗口(Smith)菜单

1) File(文件)

(1) Print(打印)　　打印曲线

(2) Page setup(页面设置)　　打印页面设置

(3) Exit(退出)　　关闭窗口

2) Option(选项)

Variable(变量)　　选择输出变量

5. 直方图输出窗口(Histogram)菜单

1) File(文件)

(1) Print(打印)　　打印直方图

(2) Page setup(页面设置)　　打印页面设置

(3) Exit(退出)　　关闭窗口

2) Option(选项)

Variable(变量)　　选择输出变量

1.4 Proteus 基本操作

1.4.1 预览窗口

窗口位置如图 1-2 所示。设计者可通过该窗口显示整个电路图的缩略图。如果在预览窗口上单击鼠标左键,将会有一个矩形蓝绿框标示出在编辑窗口中显示的区域。在一般情况下,预览窗口显示将要放置对象的预览。

1.4.2 对象选择器窗口

窗口位置如图 1-2 所示。设计者可通过对象选择按钮,从元件库中选择对象,并置入对象选择器窗口,供今后绘图时使用。对象选择器窗口显示对象的类型包括:设备、终端、引脚、图形符号、标注和图形。

1.4.3 图形编辑的基本操作

1. 对象放置(Object Placement)

放置对象的步骤如下:

(1) 设计者根据对象的类别在工具箱选择相应模式的图标。

(2) 设计者根据对象的具体类型选择子模式图标。

(3) 如果对象类型是元件、端点、引脚、图形、符号或标记,设计者应从选择器里选择想要的对象的名字。对于元件、端点、引脚和符号,设计者可能首先需要从库中调出。

(4) 如果对象是有方向的,将会在预览窗口显示出来,设计者可以通过预览对象方位按钮对对象进行调整。

(5) 最后,设计者指向编辑窗口并单击鼠标放置对象。

2. 选中对象(Tagging an Object)

设计者用鼠标指向对象并单击鼠标右键可以选中该对象。该操作选中对象并使其高亮显示,设计者然后可以进行编辑。设计者选中对象时该对象上的所有连线同时被选中。要选中一组对象,设计者可以通过依次在每个对象单击鼠标右键选中每个对象的方式,也可以通过右键拖出一个选择框的方式,但只有完全位于选择框内的对象才可以被选中。设计者在空白处单击鼠标右键可以取消所有对象的选择。

3. 删除对象(Deleting an Object)

设计者用鼠标指向选中的对象并单击鼠标右键可以删除该对象,同时删除该对象的所有连线。

4. 拖动对象(Dragging an Object)

设计者用鼠标指向选中的对象并用左键拖拽可以拖动该对象。该方式不仅对整个对象有效,而且对对象中单独的 label 也有效。设计者如果使用 Wire Auto Router 功能,被拖动对象上所有的连线将会重新排布。设计者如果误拖动一个对象,可以使用 Undo 命令撤销操作并恢复原来的状态。

5. 拖动对象标签(Dragging an Object Label)

各种类型的对象都至少有一个或多个属性标签。例如,每个元件都有一个"reference"标签和一个"value"标签。设计者可以通过移动这些标签使绘制的电路图看起来更美观。移动标签的步骤如下:

(1) 设计者单击鼠标右键选中对象。

(2) 设计者用鼠标指向标签,按住鼠标左键。

(3) 设计者拖动标签到需要的位置。设计者如果想要定位得更精确的话,可以通过使用 F4、F3、F2、Ctrl+F1 键在拖动时改变捕捉的精度。

(4) 设计者释放鼠标。

6. 调整对象大小(Resizing an Object)

设计者可以调整子电路、图表、线、框和圆的大小。当设计者选中这些对象时,对象周围会出现黑色小方块称为"手柄",设计者可以通过拖动这些"手柄"来调整对象的大小。调整对象大小的步骤如下:

(1) 设计者选中对象。

(2) 如果这个对象可以调整大小,对象周围会出现黑色小方块,称为"手柄"。

(3) 设计者用鼠标左键拖动这些"手柄"到新的位置,可以改变对象的大小。设计者在拖动的过程中,手柄会消失以便不和对象的显示混叠。

7. 调整对象的朝向(Reorienting an Object)

当设计者选中该类型对象后,"Rotation and Mirror"图标会从蓝色变为红色,然后就可以来改变对象的朝向。调整对象朝向的步骤如下:

(1) 设计者选中对象。

(2) 设计者用鼠标左键单击 Rotation 图标可以使对象逆时针旋转,用鼠标右键单击 Rotation 图标可以使对象顺时针旋转。

(3) 设计者用鼠标左键单击 Mirror 图标可以使对象按 x 轴镜像，用鼠标右键单击 Mirror 图标可以使对象按 y 轴镜像。

8. 编辑对象(Editing an Object)

许多对象具有图形或文本属性，设计者可以通过一个对话框编辑这些属性，这是一种很常见的操作，有多种实现方式。

1) 编辑单个对象的步骤是：

(1) 设计者选中对象；

(2) 设计者用鼠标左键单击对象；

(3) 进行编辑。

2) 连续编辑多个对象的步骤是：

(1) 设计者选择 Main Mode 图标，再选择 Instant Edit 图标；

(2) 设计者依次用鼠标左键单击各个对象；

(3) 进行编辑。

3) 以特定的编辑模式编辑对象的步骤是：

(1) 设计者指向对象；

(2) 设计者按 Ctrl+"E"键；

(3) 进行编辑。

对于文本脚本来说，上述行为将启动外部的文本编辑器。如果鼠标没有指向任何对象，该命令将对当前的电路图进行编辑。

4) 通过元件的名称编辑元件的步骤如下：

(1) 设计者输入"E"；

(2) 设计者在弹出的对话框中输入元件的名称；

(3) 进行编辑。

上述行为会弹出该项目中此元件的编辑对话框，而且并不是只限于当前 sheet 的元件。设计者编辑完成后，画面将会以该元件为中心重新显示。

9. 编辑对象标签

任何元件、端点、线和总线标签都可以像元件一样编辑。

1) 编辑单个对象标签的步骤是：

(1) 设计者选中对象标签；

(2) 设计者用鼠标左键单击对象；

(3) 进行编辑。

2) 连续编辑多个对象标签的步骤是：

(1) 设计者选择 Main Mode 图标，再选择 Instant Edit 图标；

(2) 设计者依次用鼠标左键单击各个标签；

(3) 进行编辑。

10. 复制所有选中的对象

复制整块电路的方法是：

(1) 设计者选中需要的对象，具体的方式参照上文的编辑单个对象标签部分；

(2) 设计者用鼠标左键单击复制图标；

(3) 设计者把复制的轮廓拖到需要的位置,单击放置副本;

(4) 重复步骤(3)放置多个副本;

(5) 设计者单击鼠标右键结束。

当设计者复制一组元件后,它们的标注自动重置为随机状态,用来为下一步的自动标注做准备,这样就能防止出现重复的元件标注。

11. 移动所有选中的对象(Moving all Tagged Objects)

移动一组对象的步骤是:

(1) 设计者选中需要的对象,具体的方式参照上文的编辑单个对象标签部分;

(2) 设计者把轮廓拖到需要的位置,单击鼠标放置。

设计者可以使用块移动的方式来移动一组导线,而不移动任何对象,可参考移动导线这部分内容。

12. 删除所有选中的对象(Deleting all Tagged Objects)

删除一组对象的步骤是:

(1) 设计者选中需要的对象,具体的方式参照上文的编辑单个对象标签部分;

(2) 设计者用鼠标左键单击 Delete 图标。

如果设计者错误删除了对象,可以使用 Undo 命令来恢复原状。设计者可能发现没有画线的图标按钮,这是因为 ISIS 具有智能功能,可在想要画线的时候进行自动检测。这样就省去了选择画线模式的麻烦。

13. 在两个对象间连线

(1) 设计者单击第一个对象连接点;

(2) 如果设计者想让 ISIS 自动定出走线路径,只需单击另一个连接点。

如果设计者想自己决定走线路径,只需在想要拐点处单击鼠标。在 ISIS 中,一个连接点可以精确地连到一根线,在元件和终端的引脚末端都有连接点。在 ISIS 中,一个圆点从中心出发有四个连接点,可以连四根线。因为一般都希望能连接到现有的线上,ISIS 也将线视作连续的连接点。由于一个连接点意味着 3 根线汇于一点,ISIS 提供了一个圆点,避免由于错点、漏点而引起的混乱。设计者在此过程的任何一个阶段,都可以按 ESC 键来放弃画线。

14. 线路自动路径器(Wire Auto-Router)

使用线路自动路径器(WAR),设计者可省去必须标明每根线具体路径的麻烦。该功能默认是打开的,设计者可通过两种途径方式省略该功能。如果设计者只是在两个连接点单击鼠标,WAR 将选择一个合适的线径。如果设计者点了一个连接点,然后点一个或几个非连接点的位置,ISIS 将认为是在手工确定线的路径,将会允许设计者单击线的路径的每个角,路径可通过单击另一个连接点来完成。设计者可通过使用工具菜单里的 WAR 命令来关闭 WAR。WAR 这个功能在需要两个连接点间直接定出对角线时是很有用的。

15. 重复布线(Wire Repeat)

假设设计者要连接一个 8 字节 ROM 数据线到电路图数据总线,现在已将 ROM、总线和总线插入点如图 1-3 所示放置。

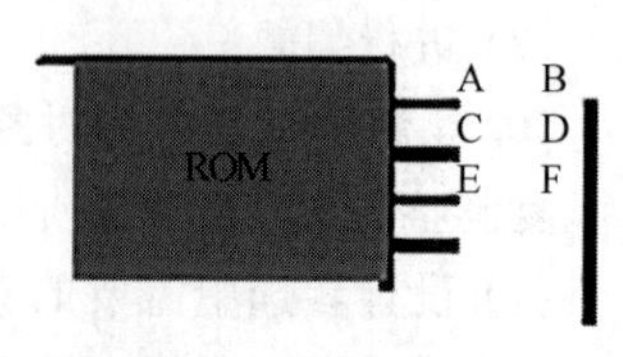

图 1-3 ROM 数据线

设计者应该首先单击 A,然后单击 B,在 AB 间画一根水平线。设计者双击 C,重复布线功能会被激活,自动在 CD 间布线。设计者双击 E、F,以下类同。这样重复布线完全复制了上一根线的路径。如果上一根线是自动重复布线,将仍然自动复制该路径;如果上一根线为手工布线,那么将被精确复制用于新的线。

16. 拖线(Dragging Wires)

如果设计者拖动线的一个角,那该角就随着鼠标指针移动。如果设计者将鼠标指向一个线段的中间或两端,就会出现一个角,然后可以拖动。在后面这种操作中,线所连的对象不能有标示,否则 ISIS 会认为设计者想拖动该对象。设计者也可使用块移动命令来移动线段或线段组。

17. 移动线段或线段组(To move a wire segment or a group of segments)

(1) 设计者在想移动的线段周围拖出一个选择框,该"框"也可以是一个线段旁的一条线;

(2) 设计者单击"移动"图标(在工具箱里);

(3) 设计者如图 1-4 所示的相反方向,垂直于线段移动"选择框"(tag-box);

(4) 设计者单击结束。

如果设计者操作错误,可使 Undo 命令返回。

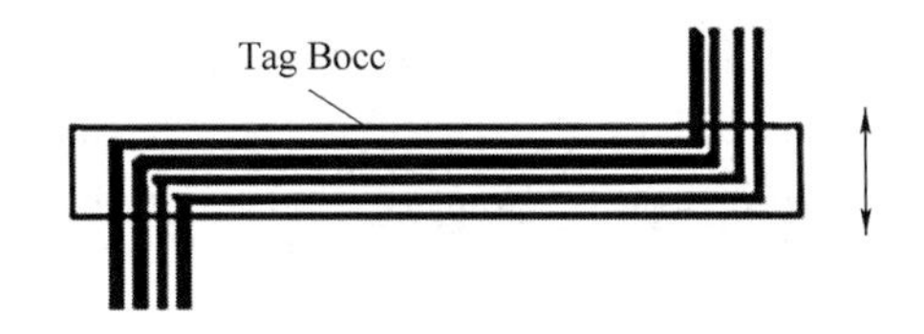

图 1-4 移动线段

由于对象被设计者移动后节点可能仍留在对象原来位置周围,ISIS 提供一项技术来快速删除线中不需要的节点,下面详细说明。

18. 从线中移走节点(To remove a kink from a wire)

(1) 设计者选中(Tag)要处理的线;

(2) 设计者用鼠标指向节点一角,按住鼠标左键;

(3) 设计者拖动该角和自身重合;

(4) 设计者松开鼠标左键,ISIS 将从线中移走该节点。

19. 编辑区域的缩放

Proteus ISIS 的缩放操作多种多样,极大地方便了设计者的设计。Proteus ISIS 常见的几种方式有:完全显示(或者按"F8"键)、放大按钮(或者按"F6"键)和缩小按钮(或者按"F7"键),拖放、取景、找中心(或者按"F5"键)。

20. 点状栅格和刷新

为了方便元器件定位,Proteus ISIS 在编辑区域使用点状栅格。当设计者使用鼠标指针在编辑区域移动时,移动的步长就是栅格的尺度,称为"Snap(捕捉)",这个功能可使元件依据栅格对齐。

(1) 显示和隐藏点状栅格

可通过工具栏的按钮或者按快捷键的"G"来实现点状栅格的显示和隐藏。当设计者移动鼠标时,在编辑区的下方将出现栅格的坐标值,它显示横向的坐标。编辑区坐标的原点在编辑区的中间,有的地方的坐标值比较大,不利于设计者进行比较。设计者此时可通过单击菜单命令“View”下的“Origin”命令,也可以单击工具栏的按钮或者按快捷键“O”来定位新的坐标原点。

(2) 刷新

编辑窗口显示正在编辑的电路原理图,设计者可以通过执行菜单命令“View”下的“Redraw”命令来刷新显示内容,也可以单击工具栏的刷新命令按钮或者快捷键“R”来进行刷新。刷新命令的作用是当执行一些命令导致显示混乱时,可以使用该命令恢复正常显示。

21. 对象的放置和编辑

1) 对象的添加和放置

设计者单击工具箱的元器件按钮,使其选中,再单击 ISIS 对象选择器左边中间的置 P 按钮,出现“Pick Devices” 对话框,如图 1-5 所示。在这个对话框里设计者可以选择元器件和一些虚拟仪器。下面以添加单片机 PIC16F877 为例来说明如何把元器件添加到编辑窗口的。设计者在“Gategory(器件种类)”下面,找到“MicoprocessorICs”选项,单击鼠标左键,在对话框的右侧,会发现这里有大量常见的各种型号的单片机。设计者找到单片机 PIC16F877,双击“PIC16F877”,情形如图 1-5 所示。

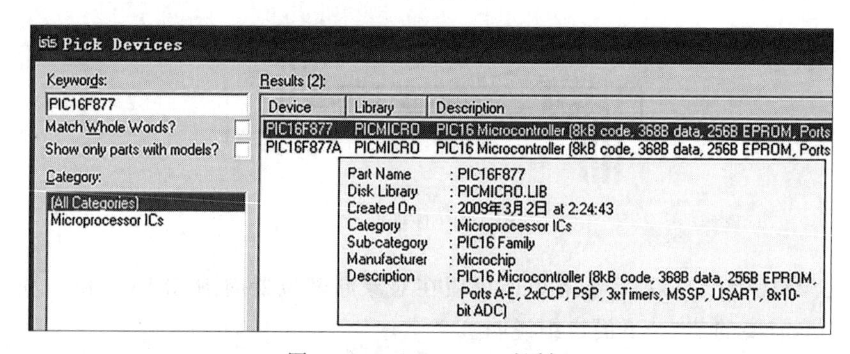

图 1-5 Pick Devices 对话框

这时在左边的对象选择器就有了 PIC16F877 这个元件。设计者单击这个元件,然后把鼠标指针移到右边的原理图编辑区的适当位置,单击鼠标,就把 PIC16F877 放到了原理图区。

2) 放置电源及接地符号

设计者会发现许多器件没有 Vcc 和 GND 引脚,其实它们被隐藏了,在使用的时候可以不用加电源。如果设计者需要加电源可以单击工具箱的接线端按钮,这时对象选择器将出现一些接线端,在器件选择器里单击 GROUND,将鼠标移动到原理图编辑区,单击左键即可放置接地符号。采用同样的方法也可以把电源符号 POWER 放到原理图编辑区。

3) 对象的编辑

对象的编辑是指如何调整对象的位置、放置方向以及改变元器件的属性等。编辑的过程包括选中、删除、拖动等基本操作,方法都很简单,其他的操作还包括以下三方面。

(1) 拖动标签

很多对象都有一个或多个属性标签,设计者可以很容易地移动这些标签使电路图看起来更美观。移动标签的步骤如下:设计者首先单击鼠标右键选中对象,然后用鼠标指向标签,按住鼠标左键,一直按着左键就可以拖动标签到需要的位置,释放鼠标左键即可。

（2）对象的旋转

很多对象可以调整旋转为0°、90°、270°、360°或通过 x 轴 y 轴做镜像旋转。当该对象被选中后，“旋转工具按钮”图标就会从蓝色变为红色，接下来设计者就可以改变对象的放置方向。旋转的具体方法是：设计者首先单击鼠标右键选中对象，然后根据要求用鼠标左键单击旋转工具的4个按钮。

（3）编辑对象的属性

对象一般都具有文本属性，设计者可以通过一个对话框对这些属性进行编辑。编辑单个对象的具体方法是：设计者先用鼠标右键单击选中对象，然后用鼠标左键单击对象，此时出现属性编辑对话框，随后即可进行编辑。当然也可以先单击工具箱的按钮，再单击对象，这样也会出现编辑对话框。在电阻的编辑对话框中，设计者可以改变电阻的标号、电阻值、PCB封装以及是否把这些东西隐藏等属性。设计者修改完毕，单击“OK”按钮即可。

22. 原理图的绘制

（1）画导线

Proteus的智能化功能可以在设计者想要画线的时候进行自动检测。当设计者将鼠标指针靠近一个对象的连接点时，鼠标的指针就会出现一个“×”号，使用鼠标左键单击元器件的连接点，移动鼠标（不用一直按着左键）就可看到粉红色的连接线变成了深绿色。如果设计者想让软件自动定出线路径，只需单击另一个连接点即可。这就是Proteus的线路自动路径功能（简称WAR），如果设计者在两个连接点间单击，WAR将选择一个合适的线径。设计者可通过使用工具栏里的“WAR”命令按钮来关闭或打开，也可以在菜单栏的“Tools”下找到这个图标。如果设计者要自己决定走线路径，只需在想要拐点处单击鼠标即可。在画线的任何时刻，设计者都可以按ESC或者单击鼠标右键来放弃画线。

（2）画总线

为了简化原理图，设计者可以用一条导线代表数条并行的导线，这就是所谓的总线。单击工具箱的总线按钮，设计者即可在编辑窗口画总线。

（3）画总线分支线

单击工具的按钮，设计者即可画总线分支线，总线分支线是用来连接总线和元器件引脚的。画总线分支线的时候，为了和一般导线相区别，设计者喜欢画斜线来表示分支线，但是这时如果WAR功能打开是不行的，需要把WAR功能关闭。设计者还需要给分支线起个名字，单击鼠标右键分支线选中它，接着左键单击选中的分支线就会出现分支线编辑对话框，在其中填上分支线的名字即可。在设置网络标号时，设计者单击连线工具条中的图标或者执行Place/Net Label菜单命令，这时光标变成十字形并且将有一虚线框在工作区内移动，再按一下键盘上的Tab键，系统弹出网络标号属性对话框。接下来，设计者在网络标号属性对话框的Net项定义网络标号比如PB0，单击“OK”按钮，将设置好的网络标号放在第1步放置的短导线上（注意一定是上面），单击鼠标左键即可将之定位。

放置总线就是将各总线分支连接起来，方法是单击放置工具条图标或执行Place/Bus菜单命令，这时工作平面上将出现十字形光标。设计者将十字光标移至要连接的总线分支处，单击鼠标，系统弹出十字形光标并拖着一条较粗的线。接下来设计者将十字光标移至另一个总线分支处，单击鼠标，一条总线就画好了。当电路中多根数据线、地址线、控制线并行时，需要使用总线设计。

(4) 跳线

跳线简单地说就是在电路板中一根将两焊盘连接的导线,跳线也被称为跨接线。跳线多使用于单面板、双面板设计中,特别是单面板设计中使用得更多。在单面板的设计中,当铜膜线无法连接时,即使联通了 Protel99SE,进行电气检查也是错的,系统会显示错误标志。解决上面问题的办法是使用跳线,跳线的长度有 6 mm、8 mm 和 10 mm 等几种。跳线需要在布线层(底层布线)用人工布线的方式放置,当两线相交的时候就用过孔走到背面(顶层)进行布线,跳过相交线然后回到原来层面(底层)布线。为了便于标识跳线,最好在顶层的印丝层(Top Overlay)做上标志。

(5) 放置线路节点

如果在两条导线的交叉点有电路节点,则认为两条导线在电气上是相连的,否则就认为它们在电气上是不相通的。Proteus ISIS 在画导线时能够智能地判断是否需要放置节点,但在两条导线交叉时是不放置节点的,这时要想让两个导线电气相连,只有通过手工放置节点了。设计者单击工具箱的节点放置按钮+,当把鼠标指针移到编辑窗口,指向一条导线的时候,会出现一个"×"号,单击鼠标就能放置一个节点。

Proteus ISIS 可以同时编辑多个对象,即具有整体操作功能。常见的整体操作有:整体复制、整体删除、整体移动、整体旋转等几种操作方式。

23. 模拟调试

1) 一般电路的模拟调试

下面用一个简单的电路来演示如何进行模拟调试。这个简单电路如图 1-6 所示。设计者需要在"Category(器件种类)"里找到"BATTERY(电池)""FUSE(保险丝)""LAMP(灯泡)""POT-LIN(滑动变阻器)""SWITCH(开关)"这几个元器件并添加到对象选择器里。设计者按照图 1-6 布置元器件,并连接好。在进行模拟之前还需要设置各个对象的属性。首先,设计者选中电源 BAT2,再单击鼠标,出现了属性对话框,在"Component Reference"后面填上电源的名称,在"Voltage"后面填上电源的电动势的值,这里设置为 9 V,在"Internal Resistance"后面填上内电阻的值 0.1 Ω。

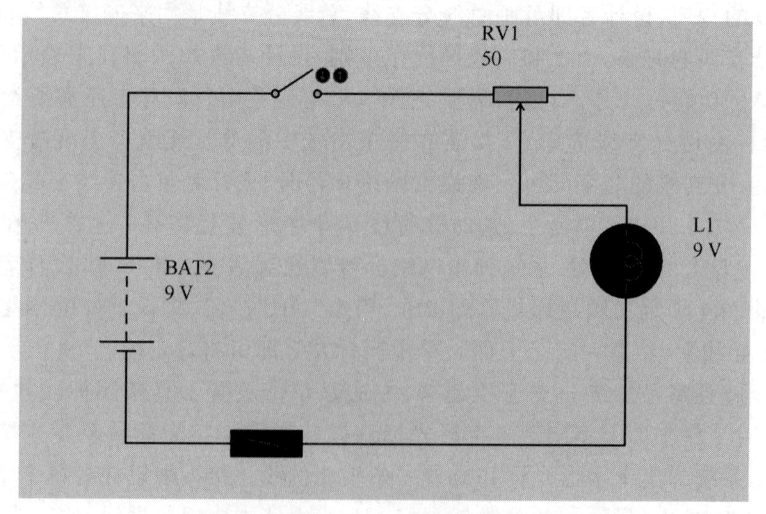

图 1-6 一个简单电路

其他元器件的属性设置如下:滑动变阻器的阻值为 50 Ω;灯泡的电阻是 10 Ω,额定电压是 9 V;保险丝的额定电流是 1 A,内电阻是 0.1 Ω。设计者单击菜单栏"Debug(调试)"下的按钮或者单击模拟调试按钮的运行按钮,也可以按下快捷键"Ctrl+F12"进入模拟调试状态。设计者把鼠标指针移到开关上,这时出现了一个"+"号,单击一下,就合上了开关。如果设计者想打开开关,就将鼠标指针移到开关上,这时出现一个"-"号,单击一下就会打开开关。设计者把开关合上,可发现灯泡已经点亮了。设计者把鼠标指针移到滑动变阻器上,分别单击,使电阻变大或者变小,就会发现灯泡的亮暗程度发生了变化。如果电流超过了保险丝的额定电流,保险丝就会熔断。倘若保险丝熔断了可以这样修复:单击按钮停止调试,然后再进入调试状态,保险丝就修复好了。

2) 单片机电路的模拟

(1) 电路设计

设计一个简单的单片机电路,如图 1-7 所示。电路的核心是单片机 AT89C51,C1、C2 和晶振 X1 构成单片机时钟电路。电源、C3 和 R1 的组合电路和 RST 端相连,单片机和 8255 并行接口芯片的连接如图 1-7 所示。8255 的 A 口和 B 口分别连接 8 个发光二极管,二极管的正极通过限流电阻接到电源的正极。

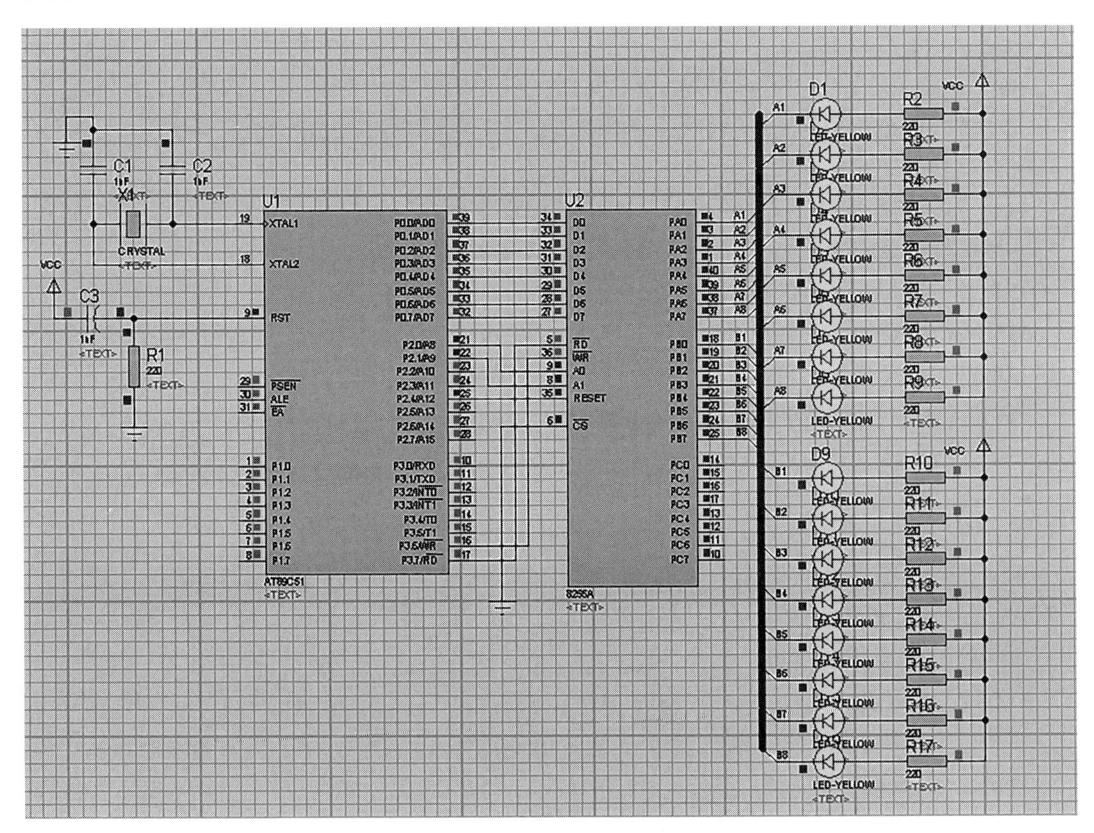

图 1-7 一个简单的单片机电路

(2) 电路功能

本电路及相关程序运用循环移位法实现了 16 个 LED 灯依次点亮、熄灭的"流水"效果。

(3) 程序设计

实验程序源代码保存在 led3-7.asm 中，如下所示：

```
ORG     0000H               ;从 0000H 地址执行
LJMP    MAIN
ORG     0030H               ;主程序开始地址
MAIN：  CLRP2.2
SETB    P2.2                ;8255 复位
CLR     P2.2
SETB    P2.0                ;A0 = 1,A1 = 1 8255 控制寄存器地址
SETB    P2.1
MOV     A,＃80H             ;8255 工作方式,PA、PB 和 PC 都作为输出口
MOVX    @R0,A
START：MOVR1,＃0FEH         ;循环初值设置
MOV     R2,＃7FH
MOV     R3,＃08
LOOP：  CLRP2.0
CLR     P2.1
MOV     A,R1
MOVX    @R0,A               ;写数据
RL      A                   ;左移一位
MOV     R1,A
SETB    P2.0                ;PB 口
CLR     P2.1
MOV     A,R2
MOVX    @R0,A
RR      A
MOV     R2,A
CALL    DELAY
DJNZ    R3,LOOP             ;从 P0 循环到 P7
MOV     R1,＃7FH
MOV     R2,＃0FEH
MOV     R3,＃08
LOOP1：CLRP2.0              ;PA 口
CLR     P2.1
MOV     A,R1
MOVX    @R0,A               ;写数据
RR A                        ;右移一位
MOV     R1,A
SETB    P2.0                ;PB 口
CLR     P2.1
```

```
MOV     A,R2
MOVX    @R0,A
RL      A
MOV     R2,A
CALL    DELAY
DJNZ    R3,LOOP1              ;P0 到 P7 的循环
CLR     P2.0
CLR     P2.1
MOV     A,#0
MOVX    @R0,A
SETB    P2.0
MOVX    @R0,A
CALL    DELAY
MOV     A,#0FFH
CLR     P2.0
MOVX    @R0,A
SETB    P2.0
MOVX    @R0,A
CALL    DELAY
JMP     START
DELAY: MOV R6,#0FFH
D1:MOV R7,#0FFH
DJNZ    R7,$
DJNZ    R6,D1
RET
END
```

(4) 程序的编译

Proteus ISIS 具有 ASM 的、PIC 的、AVR 的汇编器等自带编译器。下面在 Proteus ISIS 上添加编写好的程序。首先单击菜单栏"Source",在下拉菜单中单击"Add/Remove Source Files(添加或删除源程序)",就会出现一个对话框。接下来单击对话框的"NEW"按钮,在出现的对话框找到实现此程序的源文件 led3-7.asm,单击打开。然后在"Code Generation Tool"的下面找到"ASEM51",然后单击"OK" 按钮,设置完毕就可以编译了。设计者单击菜单栏的"Source",在下拉菜单中单击"Build All",很快,编译结果的对话框就会出现在设计者面前。如果有错误,对话框会告诉是哪一行出现了问题,设计者单击出错的提示,就会出现出错的行号。如果代码正确,就会生成一个 led3-7.HEX 文件。

(5) 模拟调试

设计者选中单片机 AT89C51,单击 AT89C51,在出现的对话框里单击 Program File 按钮,找到刚才编译得到的 HEX 文件,然后单击"OK"按钮就可以模拟了。设计者单击模拟调试按钮的运行按钮,进入调试状态,观察发光二极管是否依次点亮、依次熄灭。

还可以单步模拟调试,设计者单击按钮进入单步调试状态,这时应该出现一个对话框。

在这个对话框里，设计者可以设置断点。设计者用鼠标单击一下程序语句，此时这个语句变为黑色，单击鼠标右键，出现一个菜单，单击按钮，就在相应的语句设置了断点。设计者也可以单击右上角的按钮，设置断点，再次单击按钮可以取消断点。

在单步模拟调试状态下，设计者单击菜单栏的“Debug”，在下拉菜单的最下面，单击 Simulation Log 中会出现和模拟调试有关的信息。设计者单击 8051 CPU SFR Memory 会出现特殊功能寄存器(SFR)窗口，单击 8051 CPU Internal(IDATA)Memory 则出现数据寄存器窗口。比较有用的还是 Watch Window 窗口，设计者单击一下将出现一个新窗口，在这里可以添加常用的寄存器。设计者在窗口里单击鼠标右键，在出现的菜单中单击 Add Item(By name)，在这里选择 P1，双击 P1，这时 P1 就出现在 Watch Window 窗口。设计者可发现无论在单步调试状态还是在全速调试状态，Watch Window 的内容都会随着寄存器的变化而变化。

1.4.4 实例

下面再举一个例子来说明使用 Proteus ISIS 进行单片机电路的设计过程。单片机电路的设计结果如图 1-8 所示。

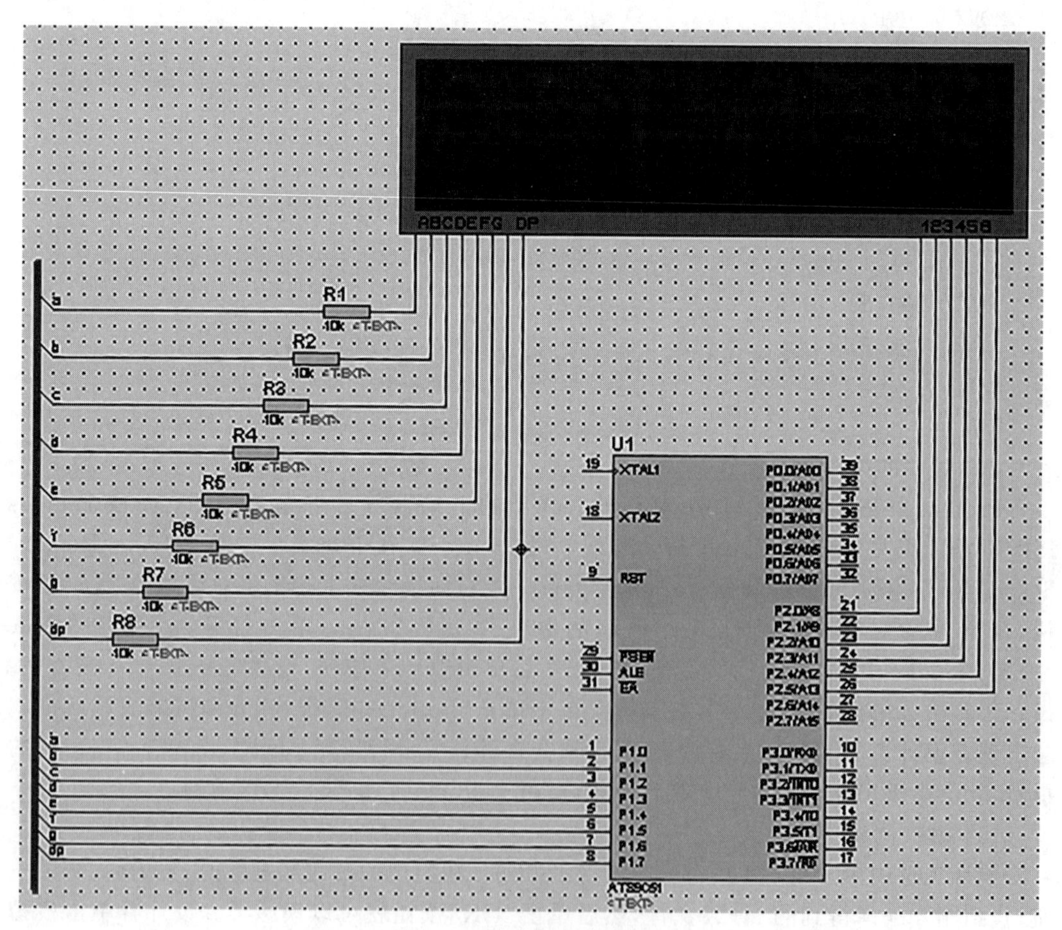

图 1-8 单片机电路实例

这个电路的核心是单片机 AT89C51。单片机的 P1 口 8 个引脚接到 LED 显示器的段选码(a、b、c、d、e、f、g、dp)的引脚上，单片机的 P2 口 6 个引脚接到 LED 显示器的位选码(1、2、3、4、5、6)的引脚上。8 个电阻起限流作用，总线使电路图变得简洁。要求编程实现 LED 显示器的选通并显示字符，Proteus 模拟电路的设计步骤如下所述。

1. 将所需元器件加入对象选择器窗口

设计者单击对象选择器按钮 P，如图 1-9 所示。

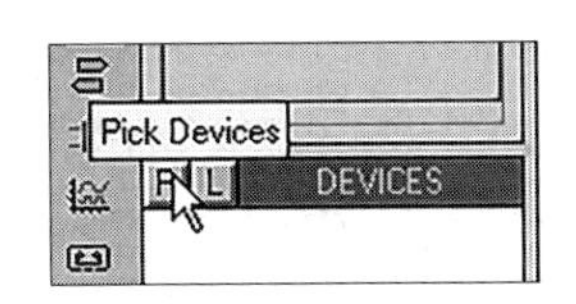

图 1-9 元器件对象选择窗口

弹出“Pick Devices”页面，设计者在“Keywords”处输入 AT89C51，系统在对象库中进行搜索查找，并将搜索结果显示在“Results”中，如图 1-10 所示。

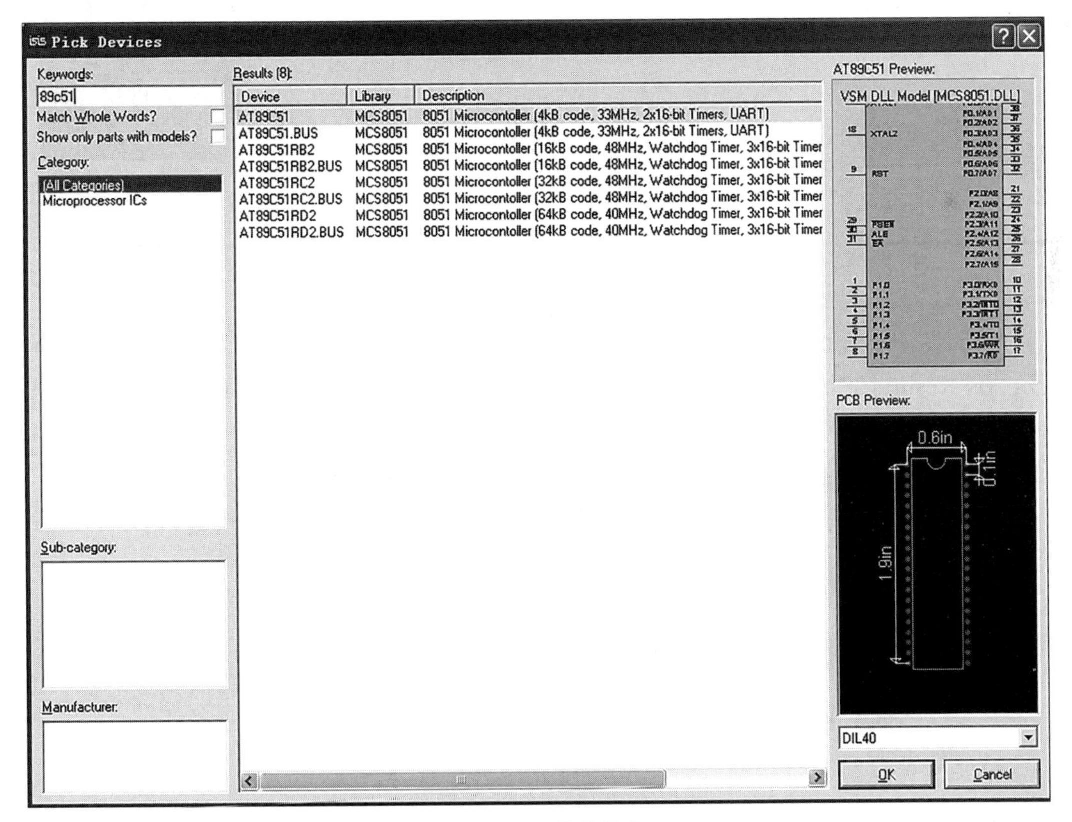

图 1-10 元器件搜索

在“Results”栏中的列表项中，设计者双击“AT89C51”，则可将“AT89C51”添加至对象选择器窗口。设计者接着在“Keywords”栏中重新输入 7SEG，如图 1-11 所示。搜索找到后，设计者双击“7SEG-MPX6-CA-BLUE”，则可将“7SEG-MPX6-CA-BLUE”(6 位共阳 7 段 LED 显示器)添加至对象选择器窗口。

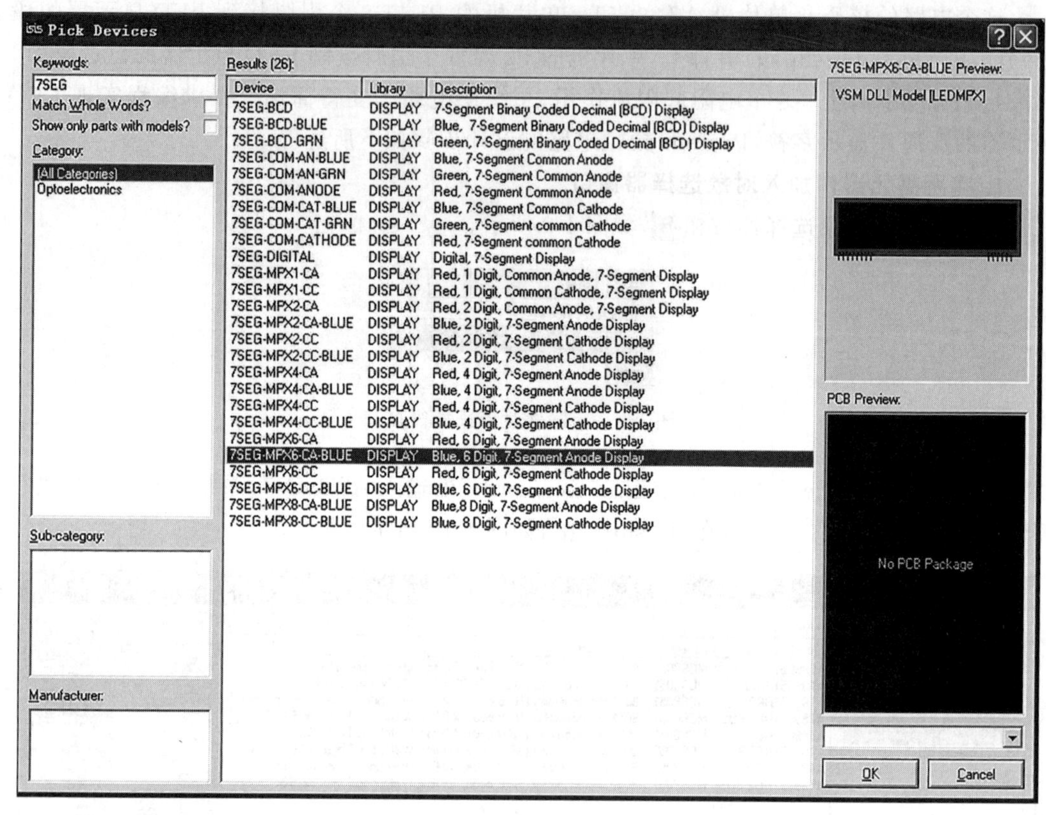

图 1-11　选择需要的元器件

最后，设计者在“Keywords”栏中重新输入 RES，选中“Match Whole Words”，如图 1-12 所示。在“Results”栏中获得与 RES 完全匹配的搜索结果，设计者双击“RES”，则可将“RES”(电阻)添加至对象选择器窗口。设计者单击“OK”按钮，结束对象选择。

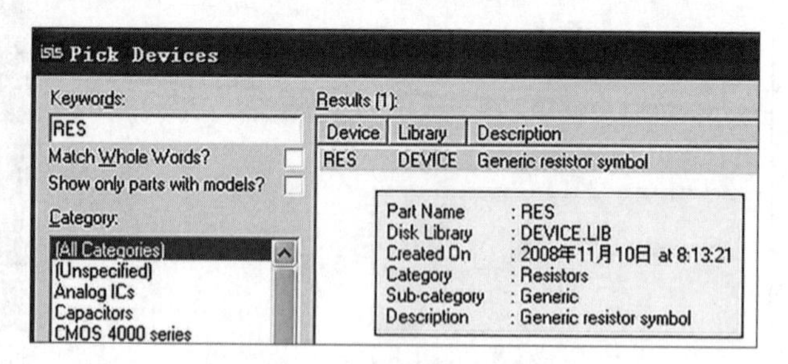

图 1-12　选择的元器件详细内容

通过以上操作，在对象选择器窗口中，已经有了 7SEG-MPX6-CA-BLUE、AT89C51、RES 三个元器件对象。若设计者单击 AT89C51，在预览窗口中，可见到 AT89C51 的实物图，如图 1-13 所示。若设计者单击 RES 或 7SEG-MPX6-CA-BLUE，在预览窗口中，可见到 RES 和 7SEG-MPX6-CA-BLUE 的实物图，如图 1-13 所示。此时，可观察到在绘图工具栏中的元器件按钮▶处于选中状态。

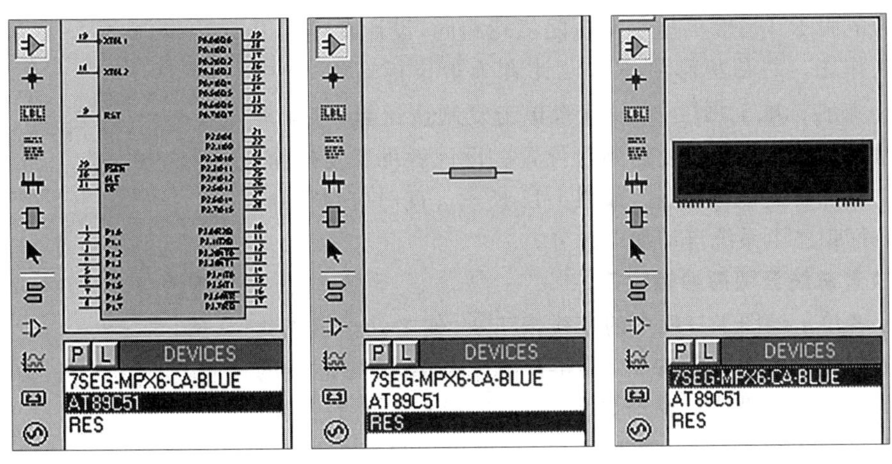

图 1-13 选中的元器件浏览

2. 放置元器件至图形编辑窗口

在对象选择器窗口中,设计者选中 7SEG-MPX6-CA-BLUE,将鼠标置于图形编辑窗口该对象的欲放位置,设计者单击鼠标,完成该对象的放置。采用同样的方法,设计者可将 AT89C51 和 RES 放置到图形编辑窗口中,如图 1-14 所示。

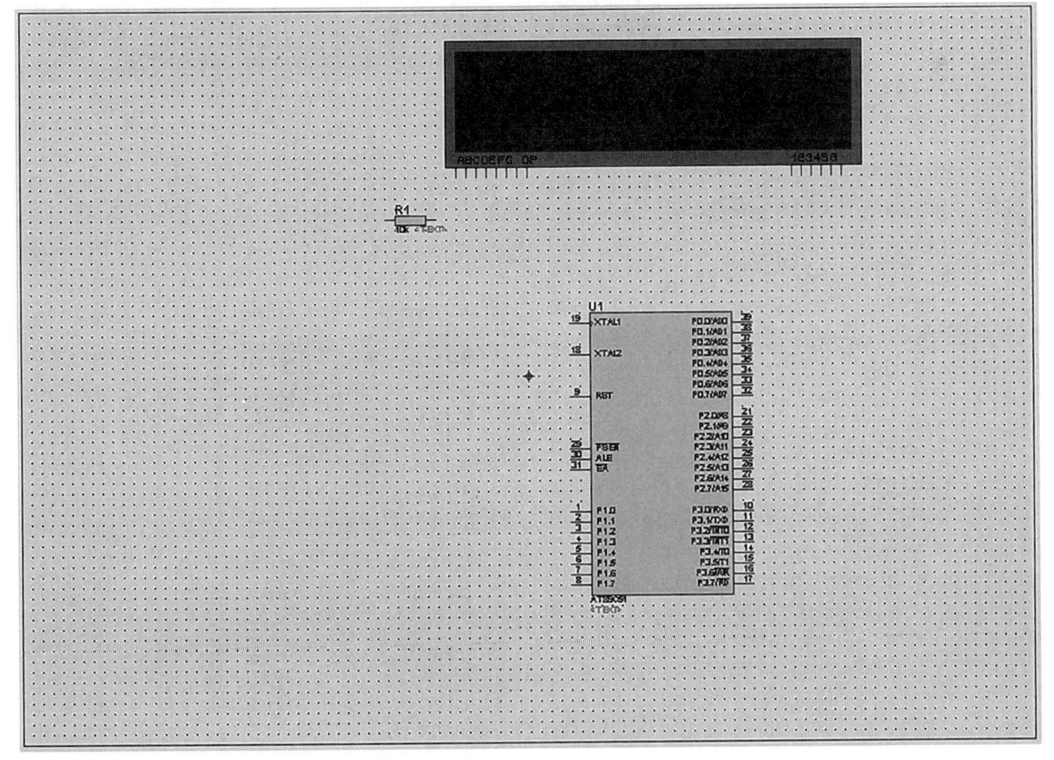

图 1-14 将对象放置到所需位置

若对象位置需要移动,设计者可将鼠标移到该对象上,单击鼠标右键,此时可看到,该对象的颜色已变成红色,表明该对象已被选中。设计者按住鼠标左键,拖动鼠标将对象移至新位置,松开鼠标,完成移动操作。

因为电阻 R1～R8 的型号和电阻值均相同，设计者可利用复制功能作图。将鼠标移到 R1，设计者单击鼠标右键，选中 R1。接下来在标准工具栏中，设计者单击复制按钮，拖动鼠标，按住鼠标左键，将对象复制到新位置。设计者可反复操作，直到按住鼠标右键，结束复制，如图 1-15 所示。此时应观察到，电阻名的标识已由系统自动加以区分。

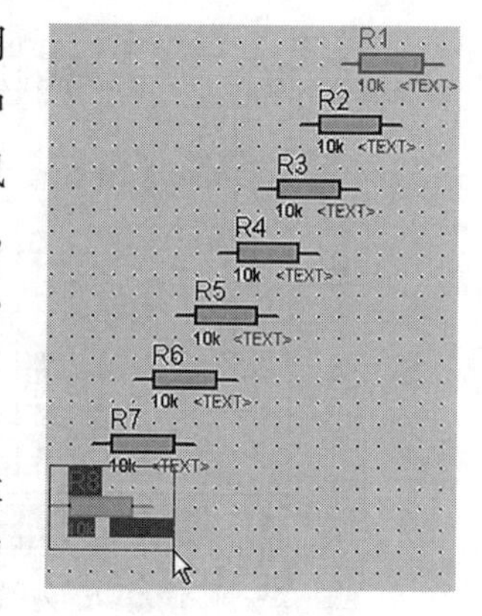

图 1-15　对象的移动

3. 放置总线至图形编辑窗口

设计者单击绘图工具栏中的总线按钮，使之处于选中状态。将鼠标置于图形编辑窗口，设计者单击鼠标，确定总线的起始位置。接下来设计者移动鼠标，屏幕出现粉红色细直线，找到总线的终了位置；设计者单击鼠标，再单击鼠标右键，以表示确认并结束画总线操作。此时应该看到，粉红色细直线被蓝色的粗直线所替代，如图 1-16 所示。

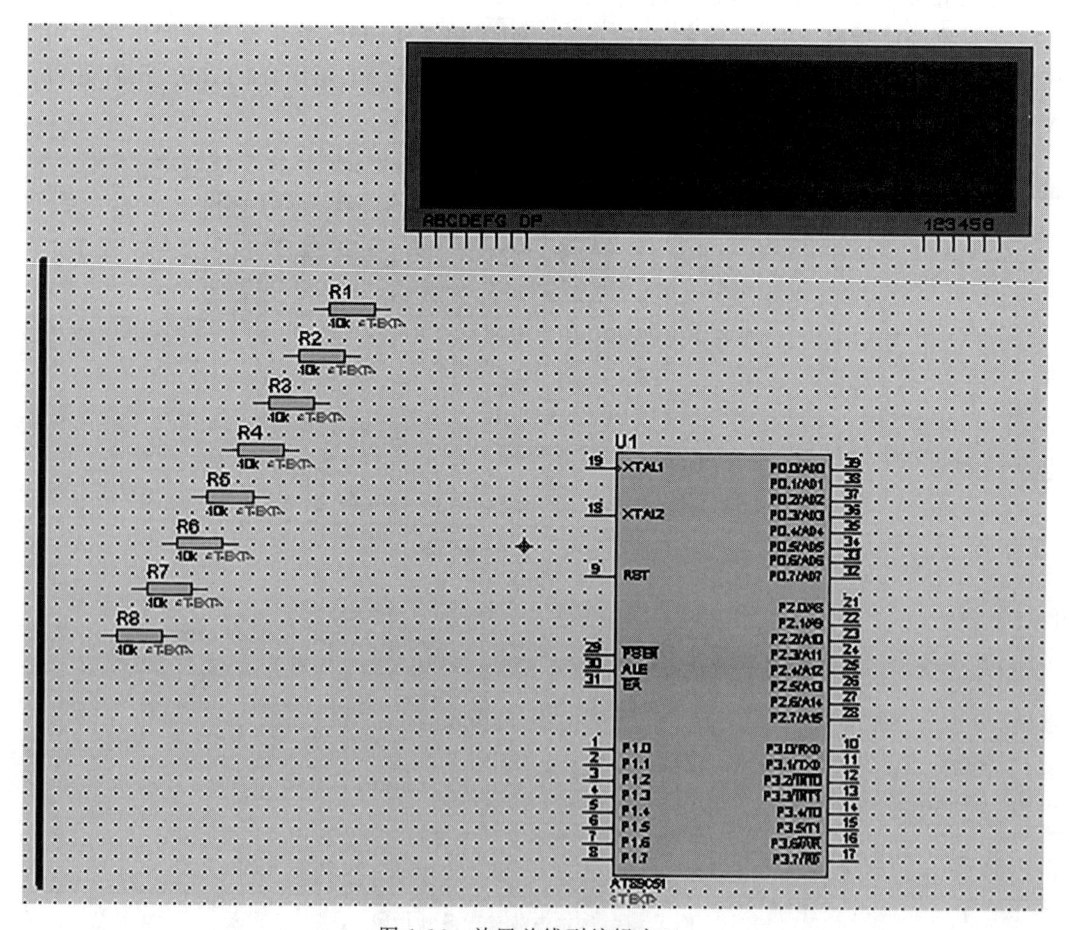

图 1-16　放置总线到编辑窗口

4. 元器件之间的连线

下面将电阻 R1 的右端连接到 LED 显示器的 A 端。当设计者将鼠标的指针靠近 R1 右端的连接点时，鼠标的指针处就会出现一个“×”号，表明找到了 R1 的连接点。设计者单击鼠标左键，移动鼠标，将鼠标的指针靠近 LED 显示器的 A 端的连接点时，鼠标的指针处就会出现一个“×”号，表明找到了 LED 显示器的连接点。这时屏幕上出现了粉红色的连接，设计者单击鼠标，粉红色的连接线变成了深绿色，同时线形由直线自动变成了 90°的折线，这是因为使用了线路自动路径功能。

Proteus ISIS 具有线路自动路径功能(简称 WAR)，当设计者选中两个连接点后，WAR 将选择一个合适的路径连线。设计者可通过使用标准工具栏里的“WAR”命令按钮来关闭或打开 WAR 功能，也可以在菜单栏的“Tools”下找到这个图标。

如图 1-17、图 1-18 所示，采用同样的方法，设计者可以完成其他连线。在画线的任何时刻，设计者都可以按 ESC 键或者单击鼠标右键来放弃画线。

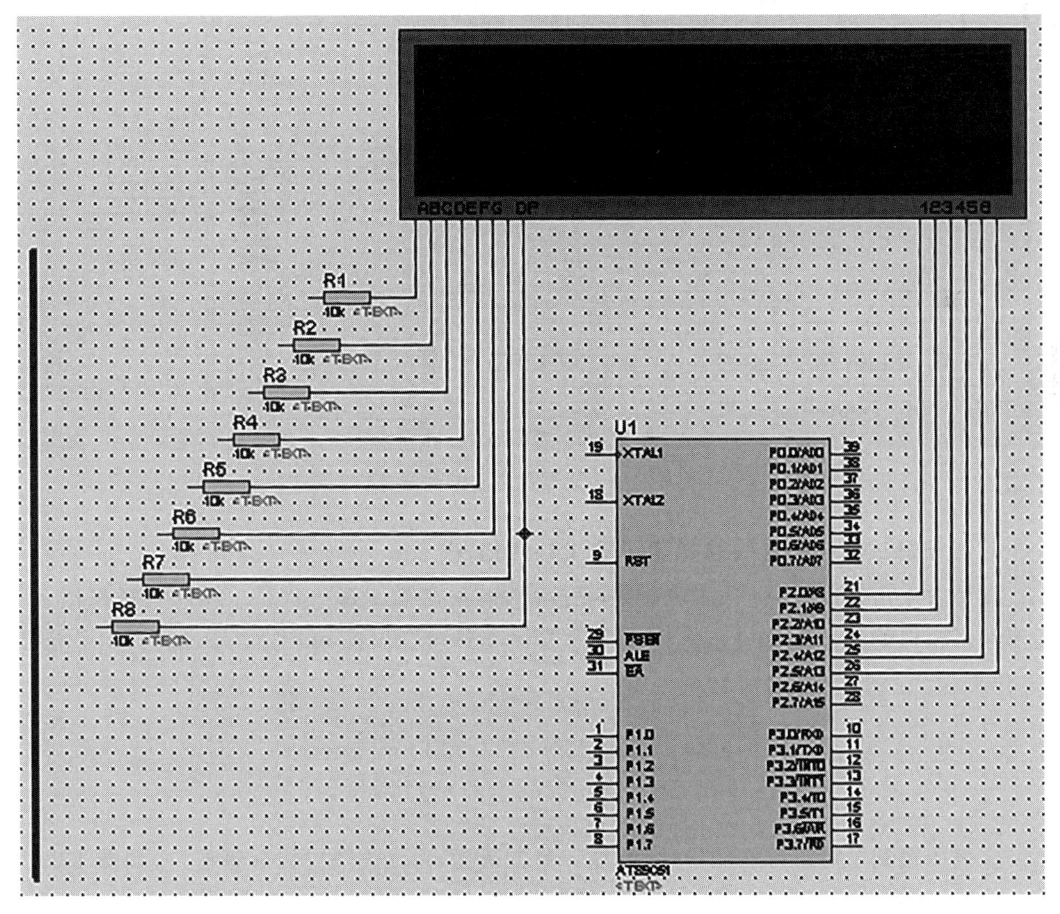

图 1-17 元器件之间的连线 1

5. 元器件与总线的连线

为了和一般的导线区别开来，在画总线和元器件连线的时候，可以用斜线来表示分支线。元器件与总线的连线就由这些分支线组成。此时如果设计者需要自己决定走线路径，只需在想要拐弯处单击鼠标即可。

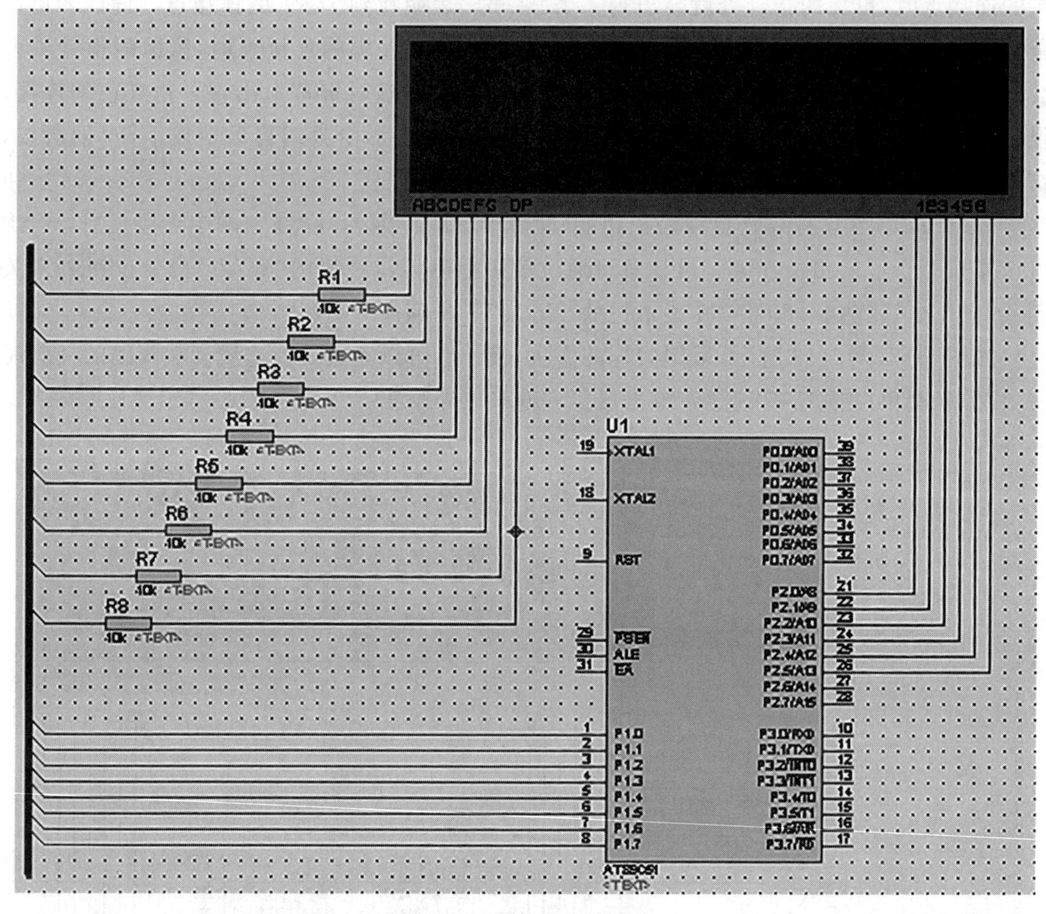

图 1-18 元器件之间的连线 2

6. 给予总线连接的导线贴标签(PART LABELS)

设计者单击绘图工具栏中的导线标签按钮，使之处于选中状态。设计者将鼠标置于图形编辑窗口的欲标标签的导线上，跟着鼠标的指针就会出现一个“×”号，如图 1-19 所示。

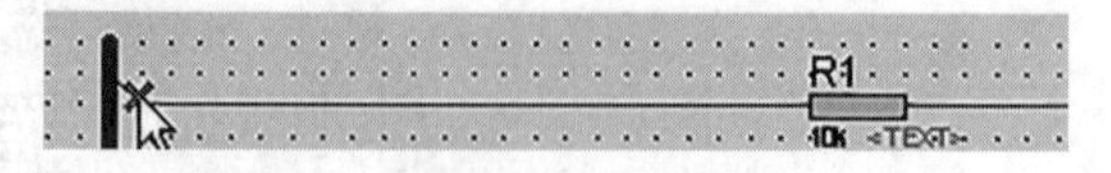

图 1-19 给予总线连接的导线贴标签

这表明找到了可以标注的导线，设计者单击鼠标，弹出编辑导线标签窗口，如图 1-20 所示。在“string”栏中，设计者输入标签名称(如 a)，单击“OK”按钮，结束对该导线的标签标定。采用同样的方法，设计者可以标注其他导线的标签。请注意，在标定导线标签时，相互接通的导线必须标注相同的标签名。完成了这一步以后，如图 1-21 所示，整个电路图的绘制就完成了。

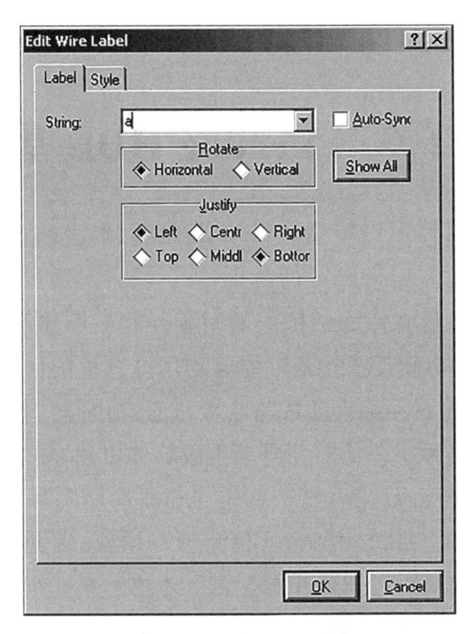

图 1-20 编辑导线标签窗口

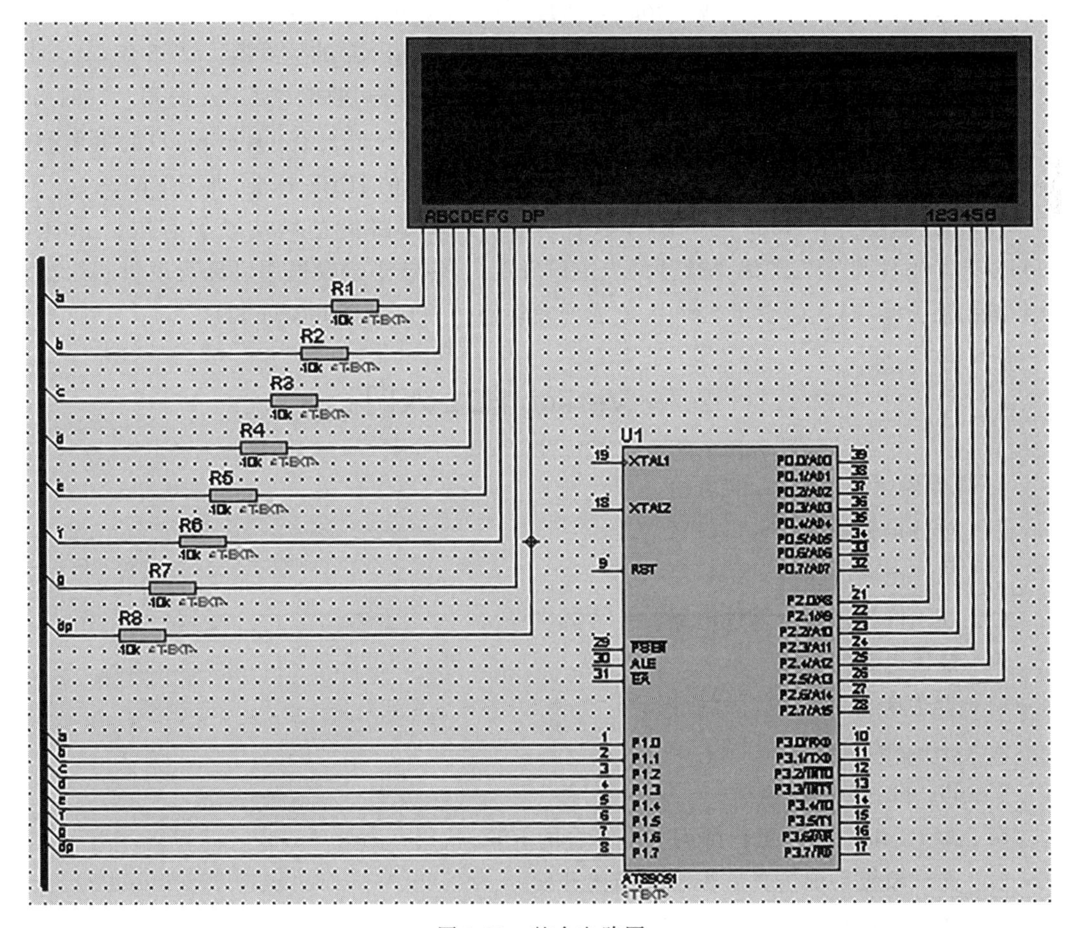

图 1-21 整个电路图

第 2 章　Verilog HDL 基础

硬件描述语言(HDL)是具有特殊结构能够对硬件逻辑电路的功能进行描述的一种高级编程语言。这种特殊结构使得硬件描述语言能够利用计算机的巨大能力对用 HDL 建模的复杂数字逻辑进行仿真,然后再自动综合生成符合要求且在电路结构上可以实现的数字逻辑网表(Netlist),在根据网表和某种工艺的器件自动生成具体电路,然后生成该工艺条件下这种具体电路的延时模型。仿真验证无误后用于制造 ASIC 芯片或写入 CPLD 和 FPGA 器件中。HDL 主要有两种:Verilog 和 VHDL,Verilog 起源于 C 语言,因此非常类似于C 语言,容易掌握,VHDL 起源于 ADA 语言,格式严谨,不易学习。本书主要介绍 Verilog HDL 的相关内容。

Verilog HDL 是在 1983 年由 GDA(GateWay Design Automation)公司的 Phil Moorby 所创。Phil Moorby 后来成为 Verilog-XL 的主要设计者和美国 Cadence 公司的第一个合伙人。在 1984—1985 年间,Moorby 设计出了第一个 Verilog-XL 的仿真器。1986 年,Moorby 提出了用于快速门级仿真的 XL 算法。1990 年,Cadence 公司收购了 GDA 公司。1991 年,Cadence 公司公开发表 Verilog 语言,成立了 OVI(Open Verilog International)组织来负责 Verilog HDL 语言的发展。1995 年制定了 Verilog HDL 的 IEEE 标准,即 IEEE1364。

在硬件描述语言 HDL 国产编译软件方面,上海安路信息科技股份有限公司具备 FPGA 芯片硬件和 FPGA 编译软件的自主研发能力,专注于研发通用可编程逻辑芯片技术及系统解决方案,自主研发了 FPGA 集成开发环境——TangDynasty(TD)。

2.1　Verilog HDL 入门

1. 硬件描述语言 HDL 的功能

(1) 描述电路的连接;

(2) 描述电路的功能;

(3) 在不同抽象级上描述电路;

(4) 描述电路的时序;

(5) 表达具有并行性。

2. Verilog 的用途

Verilog 的主要应用包括:

(1) ASIC 和 FPGA 工程师编写可综合的 RTL 代码;

(2) 高抽象级系统仿真进行系统结构开发;

(3) 测试工程师用于编写各种层次的测试程序;

(4) 用于 ASIC 和 FPGA 单元或更高层次模块的模型开发。

3. Verilog 的特点

(1) 支持不同抽象层次的精确描述以及混合模拟，如行为级、RTL级、结构级等；

(2) 设计、测试、模拟所用的语法都相同；

(3) 较高层次的描述与具体工艺无关；

(4) 提供了类似C语言的高级程序语句，如if-else、for、while、break、case、loop以及int等数据类型；

(5) 提供了算术、逻辑、位操作等运算符；

(6) 包含完整的组合逻辑元件，如and、or、xor等，无须自行定义；

(7) 支持元件门级延时和元件门级驱动强度(nmos，pmos)。

4. Verilog 的抽象层次

(1) 系统级：C等高级语言描述。

(2) 行为级：模块的功能描述。

(3) RTL级：寄存器与组合电路的合成。

(4) 逻辑门级：基本逻辑门的组合(and，or，nand)。

(5) 开关级：晶体管开关的组合(nmos，pmos)。

5. Verilog 语言的描述形式

1) 结构型描述

(1) 从电路结构的角度来描述电路模块；

(2) 通过实例描述，将Verilog已定义的基本实例嵌入到语言中。

2) 数据流型描述

(1) 通过assign连续赋值实现组合逻辑功能的描述；

(2) 连续赋值语句右边所有的变量受持续监控，只要这些变量有一个发生变化，整个表达式将被重新赋值给左端。

3) 行为描述

(1) 只对系统行为与功能进行描述，不涉及时序电路实现，是一种高级语言描述的方法，有很强的通用性；

(2) 主要包括过程结构、语句块、时序控制、流控制4个方面。

6. Verilog 和 C 语言的区别

Verilog与C语言的区别如表2-1所示。

表2-1 Verilog与C语言的区别

项目	C语言	Verilog
执行顺序	顺序执行	并行执行
时序概念	无延迟	存在延迟
语法限制	灵活完善	限制严格，需要有数字电路的知识

7. 示例

下面是边沿触发型D触发器Verilog代码。

```
module DFF1(d,clk,q);                //D 触发器基本模块
```

```
    output q;
    input  clk,d;
    reg q;
    always @(posedge clk)                //clk 上升沿启动
    q<= d;
    //当 clk 有上升沿时 d 被锁入 q
endmodule
```

8. 语言的主要特点

在 Verilog 中,模块非常重要。如图 2-1 所示,每一个模块的描述从关键词 module 开始,有一个名称(如 SN74LS74、DFF、ALU 等),由关键词 endmodule 结束。

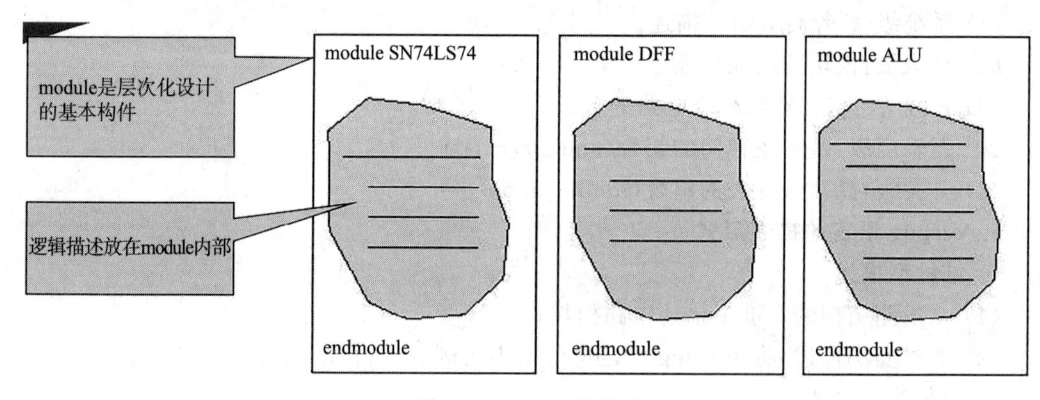

图 2-1　module 结构图

1) module 能够表示

(1) 物理块,如 IC 或 ASIC 单元;

(2) 逻辑块,如一个 CPU 设计的 ALU 部分;

(3) 整个系统。

2) 模块端口(module ports)

模块的端口等价于硬件的引脚,端口在模块名字后的括号中列出,端口可以说明为 input、output、inout 三种类型。

注意图 2-2 中模块的名称 DFF,端口列表及说明,模块通过端口与外部通信。

3) 模块实例化(module instances)

(1) 可以将模块的实例通过端口连接起来构成一个大的系统或元件。

(2) 在图 2-3 所示的例子中,REG4 有模块 DFF 的四个实例。注意,每个实例都有自己的名字(d0,d1,d2,d3)。实例名是每个对象唯一的标记,通过这个标记可以查看每个实例的内部。

(3) 实例中端口的次序与模块定义的次序相同。

(4) 模块实例化与调用程序不同。每个实例都是模块的一个完全的副本,相互独立、并行。

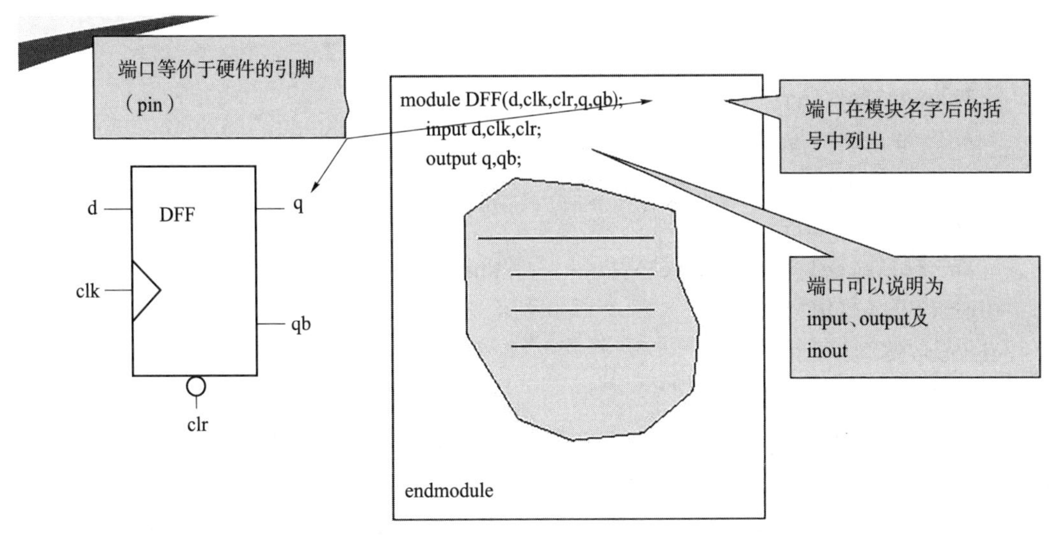

图 2-2 module 端口图

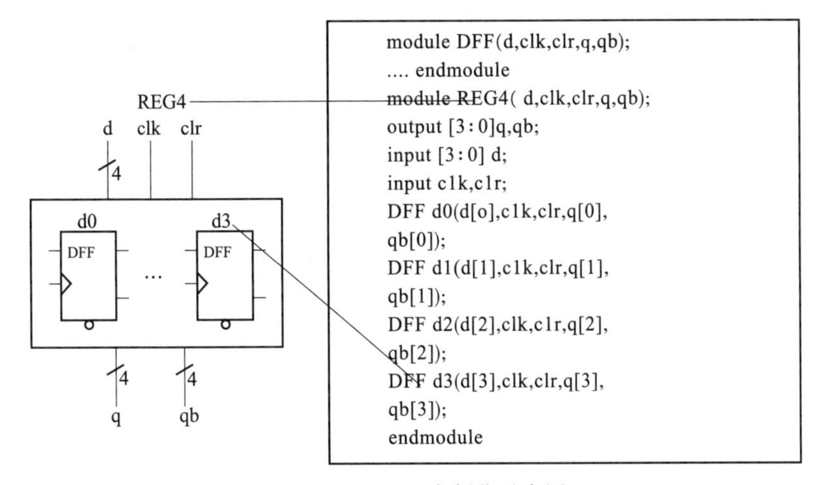

图 2-3 module 实例化示意图

2.2 Verilog 的语言规则

1. 文字规则

1）空白符和注释

使用空白符可提高可读性及代码组织。Verilog 忽略空白符，除非用于分开其他的语言标记，用法详见下例。

```
module MUX2_1 (out,a,b,sel);
  //Port declarations
  output out;
  input sel,                          //control input 单行注释到行末结束
```

```
    b,/* data inputs */a;
    /*
    The netlist logic selects input "a" when
    sel = 0 and it selects "b" when sel = 1.
     *///多行注释,在/*  */内
    not (sel_,sel);
    and (a1,a,sel_),(b1,b,sel);         //What
    or (out,a1,b1);
endmodule
```

2) 整数常量和实数常量

整数的大小可以定义也可以不定义。整数表示为:<size>'<base><value>。其中size表示大小,由十进制数表示的位数(bit)表示,缺省为32位。base表示数基,可为2(b)、8(o)、10(d)、16(h)进制,缺省为十进制。value表示所选数基内任意有效数字,包括x、z。实数常量可以用十进制或科学表示法表示,表2-2为数据定义示例。

表2-2 数据定义示例

数值	定义
12	无大小十进制(0～32位)
'H83a	无大小十六进制(0～32位)
8'b1100_0001	8位二进制
64'hff01	64位十六进制(0～64位)
9'017	9位八进制
32'bz01x	z-扩展至32位
6.3	小数标记
32e-4	0.0032科学计数标记
4.1E3	4100科学计数标记

整数的大小可以定义也可以不定义。整数表示为

(1) 数字中(_)忽略,便于查看;

(2) 没有定义大小(size)整数缺省为32位;

(3) 缺省数基为十进制;

(4) 数基(base)和数字(16进制)中的字母无大小写之分;

(5) 当数值value大于指定的大小时,截去高位。如2'b1101表示的是2'b01实数常量;

(6) 实数可用科学表示法或十进制表示;

(7) 科学表示法表示方式:<尾数><e或E><指数>,表示:尾数×10指数。

3) 字符串(string)

字符串要在一行中用双引号括起来,也就是不能跨行。字符串中可以使用一些C语言转义(escape)符,如\t \n。可以使用一些C语言格式符(如%b)在仿真时产生格式化输出,

例如：

```
"This is a normal string"
"This string has a \t tab and ends with a new line\n"
"This string formats a value:val = % b"
```

格式符的使用如表 2-3 所示。

表 2-3 数据定义示例

%h	%o	%d	%b	%c	%s	%v	%m	%t
hex	oct	dec	bin	ACSII	string	strength	module	time

转义符的使用如表 2-4 所示。

表 2-4 数据定义示例

\t	\n	\\	\"	\<1－3 digit octal number>
tab	换行	反斜杠	双引号	ASCII representation of above

格式符%0d 表示没有前导 0 的十进制数。

4）标识符(identifiers)

标识符是用户在描述时给 Verilog 对象起的名字，标识符必须以字母(a-z，A-Z)或(_)开头，后面可以是字母、数字、($)或(_)。最长可以是 1 023 个字符，标识符区分大小写，sel 和 SEL 是不同的标识符。模块、端口和实例的名字都是标识符。在以下 Verilog 代码中，

MUX2_1，out，a，b，sel 都是标识符。

```
module MUX2_1(out,a,b,sel);
  output out;
  input a,b,sel;
  not not1(sel_,sel);
  and and1(a1,a,sel_);
  and and2(b1,b,sel);
  or or1(out,a1,b1);
endmodule
```

有效标识符举例：shift_reg_a，busa_index，_bus3。无效标识符举例：34net//开头不是字母或"_"，a * b_net//包含了非字母或数字 *，n@238 包含了非字母或数字@。Verilog 区分大小写，所有 Verilog 关键词使用小写字母。图 2-4 以优先级顺序列出了 Verilog 操作符。

5）Verilog 中的大小(size)与符号

Verilog 根据表达式中变量的长度对表达式的值自动地进行调整。Verilog 自动截断或扩展赋值语句中右边的值以适应左边变量的长度。当一个负数赋值给无符号变量如 reg 时，Verilog 自动完成二进制补码计算，示例如下代码所示。

```
modulesign_size;
  reg [3:0] a,b;
  reg [15:0] c;
```

操作符类型	符号	
连接及复制操作符	{} {{}}	最高
算术操作符	* / % + -	
逻辑移位操作符	<< >>	
关系操作符	> < >= <=	优先级
相等操作符	== === != !==	
按位操作符	~ & | ^ ~^或^~	
逻辑操作符	! && ||	
条件操作符	? :	最低

图 2-4 Verilog 操作符优先级

```
  initial begin
  a = -1;                //a是无符号数,因此其值为1111
  b = 8;c = 8;           //b = c = 1000
  #10 b = b + a;         //结果10111截断,b = 0111
  #10 c = c + a;         //c = 10111
  end
endmodule
```

6）算术操作符

算术操作符包括：+、加、-、减、*、乘、除、%模。在算术运算中，integer 是有符号数，而 reg 是无符号数。算术运算有如下注意事项：

(1) 将负数赋值给 reg 或其他无符号变量使用 2 的补码算术；

(2) 如果操作数的某一位是 x 或 z，则结果为 x；

(3) 在整数除法中，余数舍弃；

(4) %运算中使用第一个操作数的符号。

示例请看如下代码。

```
module arithops ( );
  parameter five = 5;
  integerans, int;
  reg [3:0] rega,regb;
  reg [3:0] num;
  initial begin
  rega = 3;
  regb = 4'b1010;
  int = -3;                  //int = 1111……1111_1101
  end
  initial fork
  #10 ans = five * int;      //ans = -15
  #20 ans = (int + 5)/2;     //ans = 1
  #30 ans = five/int;        //ans = -1
```

```
    #40 num = rega + regb;      //num = 1101
    #50 num = rega + 1;         //num = 0100
    #60 num = int;              //num = 1101
    #70 num = regb % rega;      //num = 1
    #80 $finish;
    join
endmodule
```

7) 按位操作符

Verilog中有如下按位操作符：~、&、|、or、^、~^、^~。其含义如下：~表示非，& 表示与，or 表示或，^表示异或，~^表示非异或，^~为异或非。位操作符的使用如下列代码所示。

```
module bitwise ( );
  reg [3:0]rega,regb,regc;
  reg [3:0] num;
  initial begin
  rega = 4'b1001;
  regb = 4'b1010;
  regc = 4'b11x0;
  end
  initial fork
   #10 num = rega & 0;        //num = 0000
   #20 num = rega & regb;     //num = 1000
   #30 num = rega | regb;     //num = 1011
   #40 num = regb & regc;     //num = 10x0
   #50 num = regb | regc;     //num = 1110
   #60 $finish;
   join
endmodule
```

对应上例的解释如下：

(1) 按位操作符对矢量中相对应位运算。

```
regb = 4'b1 0 1 0
regc = 4'b1 x 1 0
num = regb & regc = 1 0 1 0;
```

(2) 位值为 x 时不一定产生 x 结果。

当两个操作数位数不同时，位数少的操作数零扩展到相同位数。

```
a = 4'b1011;
b = 8'b01010011;
c = a| b;//a 零扩展为 8'b00001011
```

8）逻辑操作符

Verilog 中有如下逻辑操作符：!、not、&&、and、‖、or。

(1) 逻辑操作符的结果为一位 1、0 或 x。

(2) 逻辑操作符只对逻辑值运算。

(3) 如操作数为全 0，则其逻辑值为 false。

(4) 如操作数有一位为 1，则其逻辑值为 true。

(5) 若操作数只包含 0、x、z，则逻辑值为 x。

逻辑反操作符将操作数的逻辑值取反。例如，若操作数为全 0，则其逻辑值为 0，逻辑反操作值为 1。

```
module logical ( );
  parameter five = 5;
  regans;
  reg [3:0]rega,regb,regc;
  initial
  begin
  rega = 4'b0011;
  //逻辑值为"1"
  regb = 4'b10xz;            //逻辑值为"1"
  regc = 4'b0z0x;            //逻辑值为"x"
  end
  initial fork
  #10 ans = rega && 0;       //ans = 0
  #20 ans = rega || 0;       //ans = 1
  #30 ans = rega && five;    //ans = 1
  #40 ans = regb && rega;    //ans = 1
  #50 ans = regc || 0;       //ans = x
  #60 $finish;
  join
endmodule
```

！表示逻辑反，～ 表示位反。逻辑反的结果为 1 位 1，0 或 x。位反的结果与操作数的位数相同。逻辑反操作符将操作数的逻辑值取反。例如，若操作数为全 0，则其逻辑值为 0，逻辑反操作值为 1。下面是“逻辑反”与“位反”的对比示例程序。

```
module negation( );
  reg [3:0]rega,regb;
  reg [3:0] bit;
  reg log;
  initial begin
  rega = 4'b1011;
  regb = 4'b0000;
  end
```

```
  initial fork
  #10 bit = ~rega;          //num = 0100
  #20 bit = ~regb;          //num = 1111
  #30 log = ! rega;         //num = 0
  #40 log = ! regb;         //num = 1
  #50 $finish;
  join
endmodule
```

9）移位操作符

>>表示逻辑右移，<<表示逻辑左移。移位操作符对其左边的操作数进行向左或向右的位移位操作。第二个操作数(移位位数)，是无符号数。若第二个操作数是 x 或 z 则结果为 x。在赋值语句中，如果右边(RHS)的结果：位宽大于左边，则把最高位截去，位宽小于左边，则零扩展。

<<：将左边的操作数左移右边操作数指定的位数，>>：将左边的操作数右移右边操作数指定的位数。左移先补后移，右移先移后补。建议：表达式左右位数一致。移位操作符示例程序如下：

```
module shift ( );
  reg [9:0] num,num1;
  reg [7:0]rega,regb;
  initialrega = 8'b00001100;
  initial fork
  #10 num<= rega<<5;            //num = 01_1000_0000
  #10 regb<= rega<<5;           //regb = 1000_0000
  #20 num<= rega>>3;            //num = 00_0000_0001
  #20 regb<= rega>>3;           //regb = 0000_0001
  #30 num<= 10'b11_1111_0000;
  #40 rega<= num<<2;            //rega = 1100_0000
  #40 num1<= num<<2;            //num1 = 11_1100_0000
  #50 rega<= num>>2;            //rega = 1111_1100
  #50 num1<= num>>2;            //num1 = 00_1111_1100
  #60 $finish;
  join
endmodule
```

10）关系操作符

>：大于，<：小于，>=：大于等于，<=：小于等于，==：等于，!=：不等于。关系操作符示例程序如下：

```
module relationals ( );
  reg [3:0]rega,regb,regc;
  reg val;
  initial begin
```

```
    rega = 4'b0011;
    regb = 4'b1010;
    regc = 4'b0x10;
    end
    initial fork
    #10 val = regc>rega;          //val = x
    #20 val = regb<rega;          //val = 0
    #30 val = regb> = rega;       //val = 1
    #40 val = regb>regc;          //val = 1
    #50 $finish;
    join
  endmodule
```

其结果是1'b1、1'b0或1'bx。无论x为何值，regb>regc、rega和regc的关系取决于x。

11）相等操作符

相等操作符表示为==，赋值操作符表示为=，将等式右边表达式的值复制到左边。注意逻辑等(==)，与case等(===)，的差别。举例如下。

2'b1x==2'b0x的值为0，因为两侧不相等。2'b1x==2'b1x的值为x，因为两侧可能不相等，也可能相等，程序举例如下：

```
  a = 2'b1x;
  b = 2'b1x;
  if (a == b)
  $display("a is equal to b");
  else
  $display("a is not equal to b");
  a = 2'b1x;
  b = 2'b1x;
  if (a === b)
  $display("a is identical to b");
  else
  $display("a is not identical to b");
```

case等只能用于行为描述，不能用于RTL描述。相等操作符包括：逻辑等(=)，逻辑不等(!=)，举例如下：

```
  module equalities1( );
    reg [3:0]rega,regb,regc;
    reg val;
    initial begin
    rega = 4'b0011;
    regb = 4'b1010;
    regc = 4'b1x10;
    end
```

```
  initial fork
  #10 val = rega == regb;          //val = 0
  #20 val = rega != regc;          //val = 1
  #30 val = regb != regc;          //val = x
  #40 val = regc == regc;          //val = x
  #50 $finish;
  join
endmodule
```

其结果是 1'b1、1'b0 或 1'bx。如果左边及右边为确定值并且相等,则结果为 1。如果左边及右边为确定值并且不相等,则结果为 0。如果左边及右边有值不能确定的位,但值确定的位相等,则结果为 x。!=的结果与==相反值,确定是指所有的位为 0 或 1。不确定值是有值为 x 或 z 的位,举例如下:

```
module equalities2( );
  reg [3:0]rega,regb,regc;
  reg val;
  initial begin
  rega = 4'b0011;
  regb = 4'b1010;
  regc = 4'b1x10;
  end
  initial fork
  #10 val = rega === regb;         //val = 0
  #20 val = rega !== regc;         //val = 1
  #30 val = regb === regc;         //val = 0
  #40 val = regc === regc;         //val = 1
  #50 $finish;
  join
endmodule
```

其结果是 1'b1、1'b0 或 1'bx。如果左边及右边的值相同(包括 x、z),则结果为 1。如果左边及右边的值不相同,则结果为 0。!==的结果与===相反。

12) 条件操作符

条件操作符:?:。

如上例条件操作符的语法为:＜LHS＞ = ＜condition＞?＜true_expression＞:＜false_expression＞其含意是:如果 condition 为 true,则 LHS=true_expression,否则 LHS=false_expression。每个条件操作符必须有三个参数,缺少任何一个都会产生错误。最后一个操作数作为缺省值。

```
registger = condition?true_value:false_value;
```

上式中,若 condition 为真则 register 等于 true_value;若 condition 为假则 register 等于 false_value。一个很有意思的地方是:如果条件值不确定,且 true_value 和 false_value 不相

等，则输出不确定值。每个条件操作符必须有三个参数，缺少任何一个都会产生错误。最后一个操作数作为缺省值。

例如：assign out = (sel == 0)?a:b;

若 sel 为 0 则 out=a；若 sel 为 1 则 out=b。如果 sel 为 x 或 z，若 a=b=0，则 out=0；若 a≠b，则 out 值不确定。示例程序如下：

```
module likebufif(in,en,out);
  input in;
  input en;
  output out;
  assign out = (en == 1)?in:'bz;
endmodule
module like4to1(a,b,c,d,sel,out);
  input a,b,c,d;
  input [1:0]sel;
  output out;
  assign out = sel == 2'b00?a:;
  sel == 2'b01?b:;
  sel == 2'b10?c:d;
endmodule
```

13）级联操作符

级联符号表示为{}。可以从不同的矢量中选择位并用它们组成一个新的矢量。用于位的重组和矢量构造。在级联和复制时，必须指定位数，否则将产生错误。下面是类似错误的例子：

```
a[7:0] = {4{'b10}};
b[7:0] = {2{5}};
c[3:0] = {3'b011,'b0};
```

级联时不限定操作数的数目。在操作符符号{}中，用逗号将操作数分开。例如：{A,B,C,D}。程序举例如下：

```
module concatenation;
  reg [7:0]rega,regb,regc,regd;
  reg [7:0] new;
  initial begin
  rega = 8'b0000_0011;
  regb = 8'b0000_0100;
  regc = 8'b0001_1000;
  regd = 8'b1110_0000;
  end
  initial fork
  #10 new = {regc[4:3],regd[7:5],
```

```
  regb[2],rega[1:0]};
  //new = 8'b11111111
  #20 $finish;
  join
endmodule
```

14）复制

复制操作符表示为{{}}，复制一个变量或在{}中的值。前两个{符号之间的正整数指定复制次数，程序举例如下：

```
module replicate ( );
  reg [3:0]rega;
  reg [1:0]regb,regc;
  reg [7:0] bus;
  initial begin
  rega = 4'b1001;
  regb = 2'b11;
  regc = 2'b00;
  end
  initial fork
  #10 bus<= {4{regb}};          //bus = 11111111
  //regb is replicated 4 times.
  #20 bus<= {{2{regb}},{2{regc}}};
  //bus = 11110000.regc and regb are each
  //replicated,and the resulting vectors
  //are concatenated together
  #30 bus<= {{4{rega[1]}},rega};
  //bus = 00001001.rega is sign - extended
  #40 $finish;
  join
endmodule
```

2.3 Verilog 的逻辑系统及数据类型

1. Verilog 逻辑值系统

Verilog 采用的四值逻辑系统包括 0、1、x 和 z，其含义如表 2-5 所示。

表 2-5 Verilog 操作符优先级

0	逻辑 0，逻辑假
1	逻辑 1，逻辑真
x 或 X	不确定的值（未知状态）
z 或 Z	高阻态

2. Verilog 中不同类的数据类型

Verilog 主要有三类(class)数据类型:net(线网)表示器件之间的物理连接;register(寄存器)表示抽象存储元件;parameters(参数)运行时的常数(run-time constants)。

1) net(线网)类型

net 类型需要被持续的驱动,驱动它的可以是门和模块。当 net 驱动器的值发生变化时,Verilog 自动地将新值传送到 net 上。在例子中,线网 out 由 or 门驱动。当 or 门的输入信号置位时将传输到线网 net 上。图 2-5 为 net 类型的示意图。

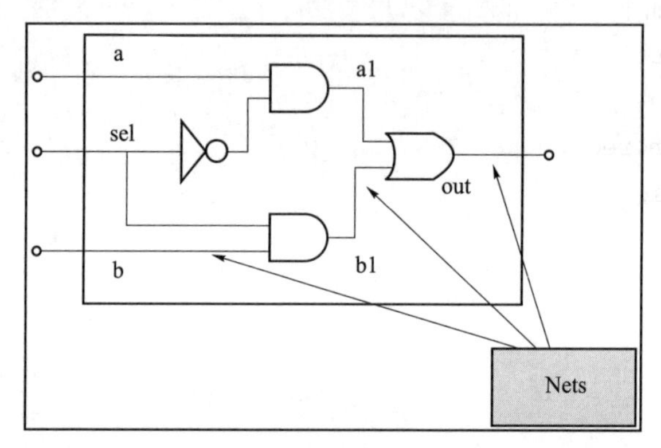

图 2-5　net 类型示意图

如表 2-6 所示,有多种 net 类型用于设计(design-specific)建模和工艺(technology-specific)建模。

表 2-6　net 类型的种类和功能

net 类型	功　能
wire,tri	标准内部连接线(缺省)
supply1,supply0	电源和地
wor,trior	多驱动源线或
wand,triand	多驱动源线与
trireg	能保存电荷的 net
tri1,tri0	无驱动时上拉/下拉

注:标为粗体的为综合编译器不支持的 net 类型。

没有声明的 net 缺省类型为 1 位(标量)wire 类型。wire 常用于组合电路描述。wire 类型是最常用的类型,只有连接功能。wire 和 tri 类型有相同的功能,用户可根据需要将线网定义为 wire 或 tri 以提高可读性。tri 型的信号综合后具有三态的功能。wand、wor 为有线逻辑功能。trireg 类型很像 wire 类型,但 trireg 类型在没有驱动时保持以前的值,这个值的强度随时间减弱。注意,在 net 缺省类型的编译指导语句:'default_nettype＜nettype＞中 nettype 不能是 supply1 和 supply0 类型。

2) 寄存器类型

寄存器类型在赋新值以前保持原值,寄存器类型大量应用于行为模型描述及激励描述。在图 2-6 所示的例子中,reg_a、reg_b、reg_sel 用于给 2∶1 多路器施加激励。需要用行为描述结构给寄存器类型赋值,一般在过程块中给 reg 类型赋值。

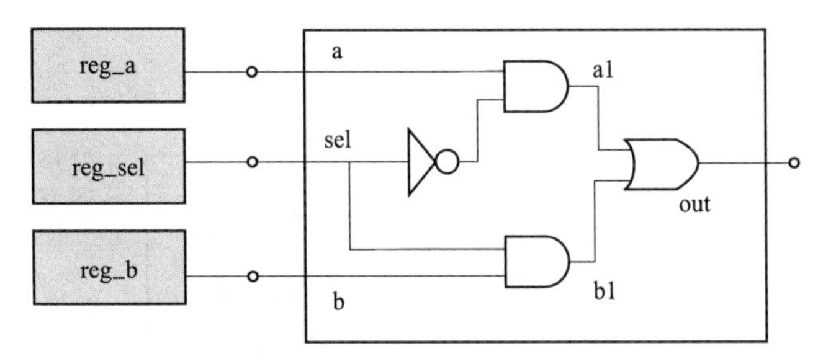

图 2-6 net 类型赋值示意图

寄存器类有 5 种数据类型,如表 2-7 所示。

表 2-7 寄存器类型的种类和功能

寄存器类型	功能
reg	可定义的无符号整数变量,可以是标量(1 位)或矢量,是最常用的寄存器类型
integer	32 位有符号整数变量,算术操作产生二进制补码形式的结果。通常用作不会由硬件实现的数据处理
real	双精度的带符号浮点变量,用法与 integer 相同
time	64 位无符号整数变量,用于仿真时间的保存与处理
realtime	与 real 内容一致,但可以用作实数仿真时间的保存与处理

(1) Verilog 中 net 和 register 声明语法。

net 声明为

<net_type>[range] [delay]<net_name>[,net_name];

net_type:net 类型

range:　矢量范围,以[MSB:LSB]格式

delay:　定义与 net 相关的延时

net_name:net 名称,一次可定义多个 net,用逗号分开。

寄存器声明为

<reg_type>[range]<reg_name>[,reg_name];

reg_type:寄存器类型

range:　矢量范围,以[MSB:LSB]格式。只对 reg 类型有效

reg_name:寄存器名称,一次可定义多个寄存器,用逗号分开

register 声明举例如下:

```
reg a;                //一个标量寄存器
wand w;               //一个标量 wand 类型 net
reg [3:0] v;          //从 MSB 到 LSB 的 4 位寄存器向量
reg [7:0] m,n;        //两个 8 位寄存器
tri [15:0] busa;      //16 位三态总线
wire [0:31] w1,w2;    //两个 32 位 wire,MSB 为 bit0
```

(2) 选择正确的数据类型。

选择数据类型时常犯的错误,如图 2-7 所示。

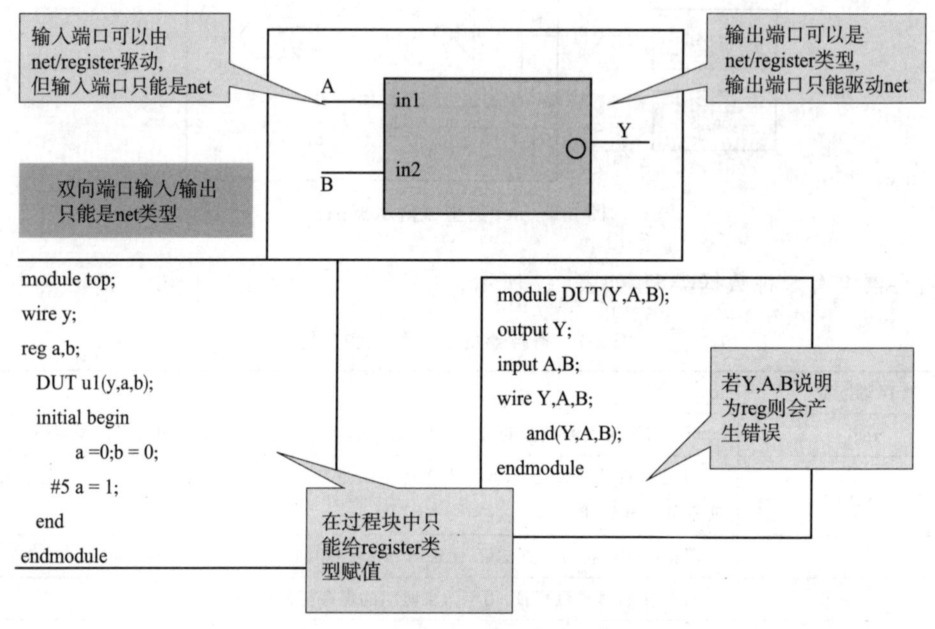

图 2-7　选择数据类型常犯错误示意图

3) 信号类型

信号类型可以分为端口信号和内部信号。出现在端口列表中的信号是端口信号,其他的信号为内部信号。对于端口信号,输入端口只能是 net 类型。输出端口可以是 net 类型,也可以是 register 类型。若输出端口在过程块中赋值则为 register 类型;若在过程块外赋值(包括实例化语句),则为 net 类型。

内部信号类型与输出端口相同,可以是 net 或 register 类型,判断方法也与输出端口相同。若在过程块中赋值,则为 register 类型;若在过程块外赋值,则为 net 类型。下面所列是常出的错误及相应的错误信息(error message)。

用过程语句给一个 net 类型或忘记声明类型的信号赋值。例如:信息:illegal …… assignment。

将实例的输出连接到声明为 register 类型的信号上。例如:信息:<name>has illegal output port specification。

将模块的输入信号声明为 register 类型。例如:信息:incompatible declaration,<signal name>……

举例如下,修改前有如下代码。

```
module example(o1,o2,a,b,c,d);
    input a,b,c,d;
    output o1,o2;
    reg c,d;
```

```
    reg o2;
    and u1(o2,c,d);
    always @(a or b)
        if (a) o1 = b;else o1 = 0;
endmodule
Compiling source file "example.v"
Error!    Incompatible declaration,(c) defined as input
            at line 2                                      [Verilog - IDDIL]
            "example.v",5:
Error!    Incompatible declaration,(d) defined as input
            at line 2                                      [Verilog - IDDIL]
            "example.v",5:
Error!    Gate (u1) has illegal output specification       [Verilog - GHIOS]
            "example.v",8:
3 errors
```

修改后代码如下：

```
module example(o1,o2,a,b,c,d);
    input a,b,c,d;
    output o1,o2;
//reg c,d;
//reg o2;
    reg o1;
    and u1(o2,c,d);
    always @(a or b)
        if (a) o1 = b;else o1 = 0;
endmodule
 Compiling source file "example.v"
Error!    Illegal left - hand - side assignment            [Verilog - ILHSA]
            "example.v",11:o1 = b;
Error!    Illegal left - hand - side assignment            [Verilog - ILHSA]
            "example.v",12:o1 = 0;
2 errors
```

4）参数类型

参数(parameters)类型：可以用参数声明一个可变常量，常用于定义延时及宽度变量。参数定义的语法：parameter<list_of_assignment>；可一次定义多个参数，用逗号隔开。在使用文字(literal)的地方都可以使用参数。参数的定义是局部的，只在当前模块中有效。参数定义可使用以前定义的整数和实数参数，示例代码如下：

```
module mod1(out,in1,in2);
  parameter cycle = 20,prop_del = 3,
       setup = cycle/2 - prop_del,
       p1 = 8,
       x_word = 16'bx,
       ……
     wire [p1:0] w1;           //A wire declaration using parameter
     ……
endmodule
```

参数重载(overriding):模块实例化需要参数重载,示例如图 2-8 所示代码。

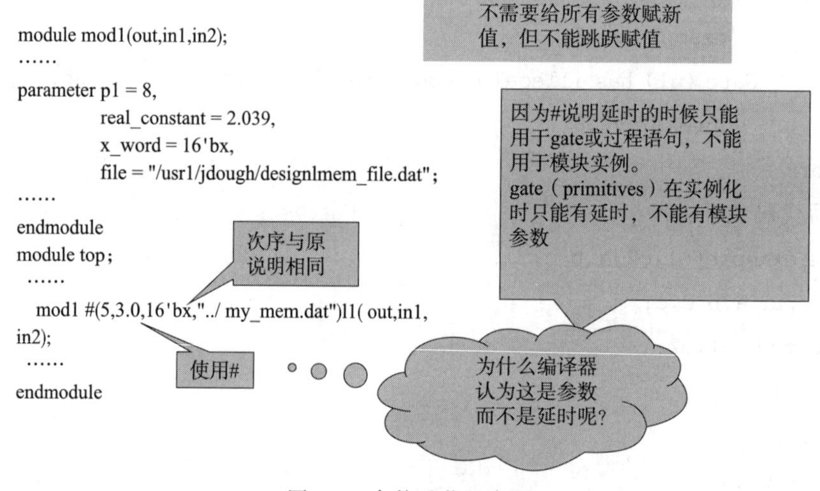

图 2-8　参数重载示意图

5）寄存器数组(Register Arrays)

在 Verilog 中可以说明一个寄存器数组,如下例:

```
integer NUMS [7:0];              //包含 8 个整数数组变量
time  t_vals [3:0];              //4 个时间数组变量
```

reg 类型的数组通常用于描述存储器,其语法为

reg [MSB:LSB]<memory_name>[first_addr:last_addr];

其中,[MSB:LSB]定义存储器字的位数,[first_addr:last_addr]定义存储器的深度。例如:

```
reg [15:0] MEM [0:1023];          //1K×16 存储器
reg [7:0] PREP ['hFFFE:'hFFFF];   //2×8 存储器
```

描述存储器时可以使用参数或任何合法表达式,如下例:

```
parameter wordsize = 16;
parameter memsize = 1024;
reg [wordsize - 1:0] MEM3 [memsize - 1:0];
```

2.4 结构描述

1. 结构描述

结构描述(structural modeling)是指用门来描述器件的功能,基于基本元件和底层模块例化语句,是最接近实际的硬件结构。结构描述主要使用元件的定义、使用声明以及元件例化来构建系统基本单元(primitives)—Verilog 语言已定义的具有简单逻辑功能的功能模型(models)。结构描述用已有的元件、Verilog 结构描述表示一个逻辑图,如图 2-9 所示。

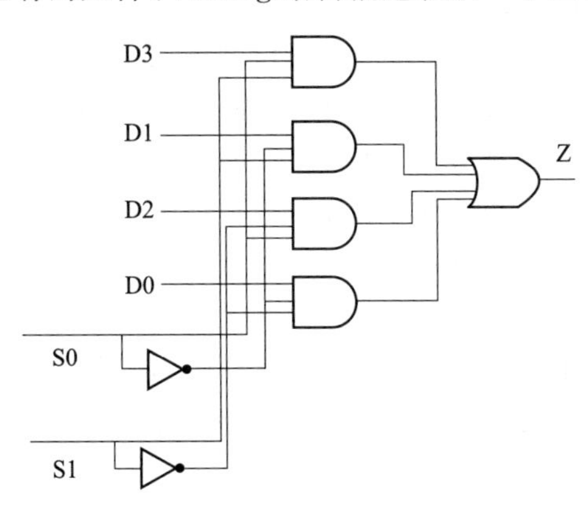

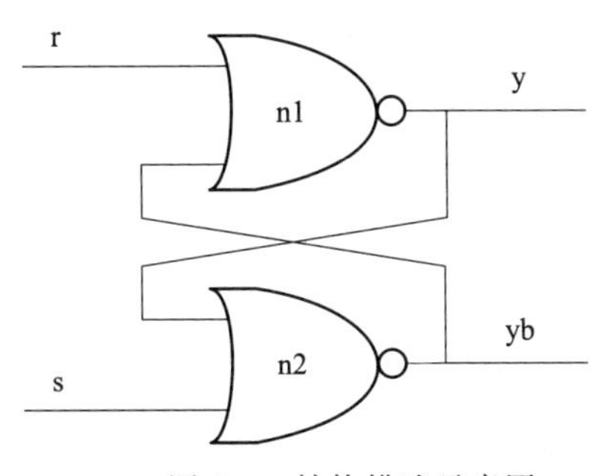

图 2-9　结构描述示意图

结构描述等价于逻辑图,都是连接简单元件构成更复杂元件,如图 2-9 可以用下面代码所实现。

```
module MUX4x1(Z,D0,D1,D2,D3,S0,S1);
  output Z;
  input D0,D1,D2,D3,S0,S1;
      and  (T0,D0,S0_,S1_),
              (T1,D1,S0_,S1),
              (T2,D2,S0,S1_),
              (T3,D3,S0,S1);
       not (S0_,S0),(S1_,S1);
       or (Z,T0,T1,T2,T3);
endmodule
```

```
module rs_latch (y,yb,r,s);
        output y,yb;
        input r,s;
        nor n1(y,r,yb);
        nor n2(yb,s,y);
endmodule
```

Verilog 使用其连接特性完成简单元件的连接。在描述中使用元件时,通过建立这些元件的实例来完成。上面的例子中 MUX 是没有反馈的组合电路,使用中间或内部信号将门连接起来。描述中忽略了门的实例名,并且同一种门的所有实例可以在一个语句中实例化。上面的锁存器(latch)是一个时序元件,其输出反馈到输入上。它没有使用任何内部信号。它使用了实例名并且对两个 nor 门使用了分开的实例化语句。

2. Verilog 基本单元(primitives)

Verilog 基本单元提供基本的逻辑功能,也就是说这些逻辑功能是预定义的,用户不需要再定义这些基本功能。基本单元是 Verilog 开发库的一部分,大多数 ASIC 和 FPGA 元件库是用这些基本单元开发的。基本单元库是自下而上的设计方法的一部分。Verilog 基本单元和功能详见表 2-8。

表 2-8　Verilog 基本单元和功能

基本单元名称	功能
and	Logical And
or	Logical Or
not	Inverter
buf	Buffer
xor	Logical Exclusive Or
nand	Logical And Inverted
nor	Logical Or Inverted
xnor	Logical Exclusive Or Inverted

1)基本单元的引脚 (pin)的可扩展性

基本单元引脚的数目由连接到门上的 net 的数量决定。因此当基本单元输入或输出的数量变化时用户不需要重定义一个新的逻辑功能。所有门(除了 not 和 buf)可以有多个输入,但只能有一个输出。not 和 buf 门可以有多个输出,但只能有一个输入。基本门单元示例如图 2-10 所示。

2) 带条件的基本单元

Verilog 有四种不同类型的条件基本单元,这四种基本单元只能有三个引脚:output、input 和 enable,这些单元由 enable 引脚使能。当条件基本单元使能信号无效时,输出高阻态。Verilog 的四种不同类型的条件基本单元,如表 2-9 所示。

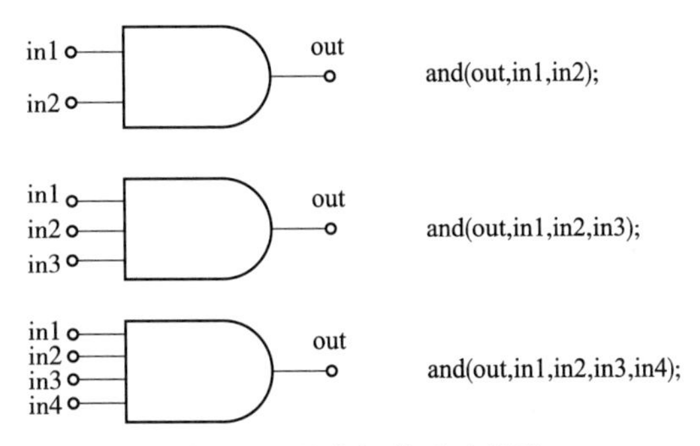

图 2-10 基本门单元示意图

表 2-9 Verilog 的四种不同类型的条件基本单元

基本单元名称	功能
bufif1	条件缓冲器,逻辑 1 使能
bufif0	条件缓冲器,逻辑 0 使能
notif1	条件反相器,逻辑 1 使能
notif0	条件反相器,逻辑 0 使能

条件基本单元有三个端口:输出、数据输入、使能输入,如图 2-11 所示。

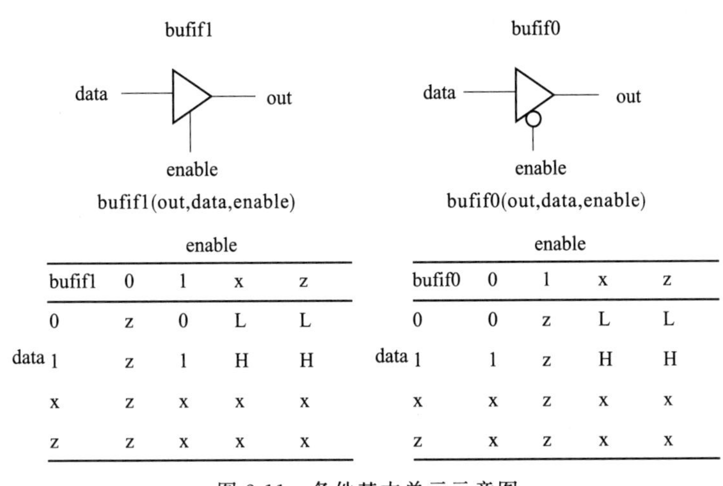

bufif1	0	1	x	z
0	z	0	L	L
1	z	1	H	H
x	z	x	x	x
z	z	x	x	x

bufif0	0	1	x	z
0	0	z	L	L
1	1	z	H	H
x	x	z	x	x
z	x	z	x	x

图 2-11 条件基本单元示意图

3) 基本单元实例化

在端口列表中,先说明输出端口,然后是输入端口。实例化时实例的名字是可选项,代码如下所示。

```
and  (out,in1,in2,in3,in4);         //unnamed instance
buf  b1 (out1,out2,in);             //named instance
```

延时说明是可选项。所说明的延时是固有延时。输出信号经过所说明的延时才变化。没有说明时延时为 0,如下代码所示。

```
notif0  ♯3.1  n1  (out,in,cntrl);  //delay specified
```

信号强度说明是可选项，如下代码所示。

```
    not (strong1,weak0) n1 (inv,bit);//strength specified
module intr_sample;
    reg A;        wire Y;
    not  #10   intrinsic (Y,A);
    initial      begin
    A = 0;
    #15  A = 1;     #15  A = 0;     #8   A = 1;
    #8   A = 0;     #11  A = 1;     #10 $finish;
    end
endmodule
```

4）模块实例化(module instantiation)

模块实例化时实例必须有一个名字。使用位置映射时，端口次序与模块的说明相同。使用名称映射时，端口次序与位置无关，没有连接的输入端口初始化值为 x。示例如下列代码所示。

```
module comp (o1,o2,i1,i2);
      output  o1,o2;
      input   i1,i2;
      ……
endmodule
module test;
      comp c1 (Q,R,J,K);                              //Positional mapping
      comp c2 (.i2(K),  .o1(Q),  .o2(R),  .i1(J));   //Named mapping
      comp c3 (Q,   ,  J,  K);                        //One port left unconnected,没有连
                                                        接时会发出警告
      comp c4 (.i1(J),  .o1(Q));                      //Named,two unconnected ports
endmodule
```

注：名称映射的语法：.内部信号(外部信号)。

5）实例数组(Array of Instances)

实例名字后有范围说明时会创建一个实例数组。在说明实例数组时，实例必须有一个名字（包括基本单元实例）。其说明语法为：<模块名字><实例名字><范围>(<端口>)；

举例如下列代码所示。

```
module driver (in,out,en);
    input [2:0] in;
    output [2:0] out;
    input en;
    bufif0  u[2:0]  (out,in,en);  //array of buffers
endmodule
```

```
module driver_equiv (in,out,en);
    input [2:0] in;
    output [2:0] out;
    input en;
  //Each primitive instantiation is done separately
    bufif0 u2 (out[2],in[2],en);
    bufif0 u1 (out[1],in[1],en);
    bufif0 u0 (out[0],in[0],en);
endmodule
```

范围说明语法:[MSB:LSB],上面两个模块完全等价。如果范围中 MSB 与 LSB 相同,则只产生一个实例。一个实例名字只能有一个范围,下面以模块 comp 为例说明这些情况,示例如下代码所示。

```
module oops;
    wire y1,a1,b1;
    wire [3:0] a2,b2,y2,a3,b3,y3;
    comp u1  [5:5] (y1,a1,b1);      //只产生一个 comp 实例
    comp m1 [0:3] (y2,a2,b2);
    comp m1 [4:7] (y3,a3,b3);       //非法
endmodule
```

3. 逻辑强度(strength)模型

Verilog 可提供多级逻辑强度。逻辑强度模型决定信号组合值是可知还是未知的,以更精确的描述硬件的行为。下面这些情况是常见的需要信号强度才能精确建模的例子。

(1) 开极输出(Open collector output)(需要上拉)。

(2) 多个三态驱动器驱动一个信号。

(3) MOS 充电存储。

(4) ECL 门(emitter dotting)。

逻辑强度是 Verilog 模型的一个重要部分。通常用于元件建模,如 ASIC 和 FPGA 库开发工程师才使用这么详细的强度级。但电路设计工程师使用这些精细的模型仿真也应该对此了解。

用户可以给基本单元实例或 net 定义强度。基本单元强度说明语法:<基本单元名><强度><延时><实例名>(<端口>)。例如:

```
nand (strong1,pull0) #(2:3:4) n1 (o,a,b);//strength and delay
or (supply0,highz1) (out,in1,in2,in3);     //no instance name
```

用户可以用%v 格式符显示 net 的强度值,如:$monitor ($time,"output=%v",f);

电容强度(large,medium,small)只能用于 net 类型 trireg 和基本单元 tran,例:trireg (small) tl。

(5) 信号强度值系统。

信号强度值是用来解决数字电路中不同强度的驱动源之间的赋值冲突。我们知道设计数字电路时候,特别是用 MOS 管设计时,有时候是需要将多个输出接在一起的,这个时候

输出由哪个输入决定,就要看电路的 MOS 管的参数,谁的强度大,就输出哪一个的值。Verilog 中如果两个具有不同强度的信号驱动同一个线网,则竞争结果值为高强度信号的值。如果两个强度相同的信号之间发生竞争,则结果为不确定值。信号强度类型举例如表 2-10 所示,信号强度使用举例如图 2-12 所示。

表 2-10　信号强度类型及格式表

	Level	Type	%v formats	Specification
Supply	7	Drive	Su0 Su1	supply0,supply1
Strong	6	Drive(default)	St0 St1	strong0,strong1
Pull	5	Drive	Pu0 Pu1	pull0,pull1
Large	4	Capacitive	La0 La1	large
Weak	3	Drive	We0 We1	weak0,weak1
Medium	2	Capacitive	Me0 Me1	medium
Small	1	Capacitive	Sm0 Sm1	small
High Z	0	Impedance	Hi0 Hi1	highz0,highz1

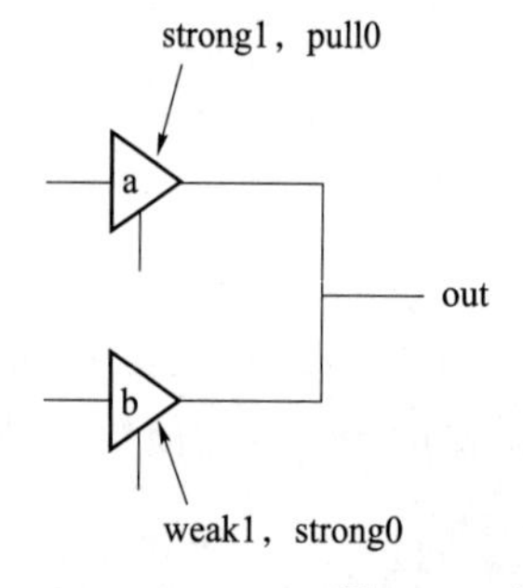

a's output	b's output	out
strong1	strong0	strongX
pull0	weak1	pull0
pull0	strong0	strong0
strong1	weak1	strong1
pull0	HiZ	pull0
HiZ	weak1	weak1
HiZ	HiZ	HiZ

图 2-12　信号强度使用示意图

2.5　数据流级描述

数据流级描述是抽象层次描述的一种。它从数据流动的角度来描述整个电路,即数据的传输和变化情况。体现在描述语句中,重点是在整个电路从输入到输出的过程中,输入信号经过何种处理或者运算,最终才能得到最后的输出信号。

持续赋值(continuous assignment),可以用持续赋值语句描述组合逻辑,代替用门及其连接描述方式。持续赋值在过程块外部使用。持续赋值用于 net 驱动。持续赋值只能在等式左边有一个简单延时说明。只限于在表达式左边用 # delay 形式,持续赋值可以是显式或隐含的。持续赋值语法如下所示。

```
<assign>[#delay] [strength]<net_name> = <expressions>;
wire out;
assign out = a & b;        //显式
wire inv = ~in;            //隐含
```

持续赋值的例子如下列代码所示。

```
module assigns (o1,o2,eq,AND,OR,even,odd,one,SUM,COUT,
              a,b,in,sel,A,B,CIN);
    output [7:0] o1,o2;
    output [31:0] SUM;
    output eq,AND,OR,even,odd,one,COUT;
    input a,b,CIN;
    input [1:0] sel;
    input [7:0] in;
    input [31:0] A,B;
    wire [7:0] #3 o2;                                //没有赋值,但设置了延时
    tri  AND = a& b,OR = a| b;                       //两个显示赋值
    wire #10 eq = (a == b);                          //隐含赋值,并说明了延时
    assign o1[7:4] = in[3:0],o1[3:0] = in[7:4];     //部分选择
    tri #5 even = ^in,odd = ~^ in;                   //延时,两个赋值
    wire one = 1'b1;                                 //常数赋值
    assign {COUT,SUM} = A + B + CIN;                 //给级联赋值
endmodule
```

in 的值赋给 o1,但其每位赋值的强度及延时可能不同。如果 o1 是一个标量(scalar)信号,则其延时和前面的条件缓冲器上的门延时相同。对向量线网(net)的赋值上的延时情况不同。0 赋值使用下降延时,Z 赋值使用关断延时,所有其他赋值使用上升延时。上面的例子显示出持续赋值的灵活性和简单性。持续赋值可以:隐含或显式赋值,给任何 net 类型赋值,给矢量 net 的位或部分赋值,设置延时,设置强度,用级联同时给几个 net 类变量赋值,使用条件操作符,使用用户定义的函数的返回值,可以是任意表达式,包括常数表达式。使用条件操作符的例子如下代码所示。

```
module cond_assigns (MUX1,MUX2,a,b,c,d);
  output MUX1,MUX2;
  input a,b,c,d;
  assign MUX1 = sel == 2'b00?a:
                          sel == 2'b01?b:
                          sel == 2'b10?c:d;
  tri1 MUX2 = sel == 0?a:'bz,   MUX2 = sel == 1?b:'bz,
       MUX2 = sel == 2?c:'bz,   MUX2 = sel == 3?d:'bz;
endmodule
```

从上面的例子可以看出,持续赋值的功能很强。可以使用条件操作符,也可以对一个 net 多重赋值(驱动)。在任何时间里只有一个赋值驱动 MUX2 到一个非三态值。如果所有驱动都为三态,则 MUX2 缺省为一个上拉强度的 1 值。

2.6 行为描述

1. 行为描述

行为级描述是对系统的高抽象级描述。在这个级别，表达的是输入和输出之间转换的行为，不包含任何结构信息。RTL描述方式是行为描述方式的子集，通常是指可综合的行为描述。在本节中的综合部分将详细介绍哪些行为级结构同样可以用于RTL描述。Verilog有高级编程语言结构用于行为描述，包括：wait、while、if then、case和forever。Verilog的行为建模是用一系列以高级编程语言编写的并行的、动态的过程块来描述系统的工作。行为描述举例如图2-13所示。

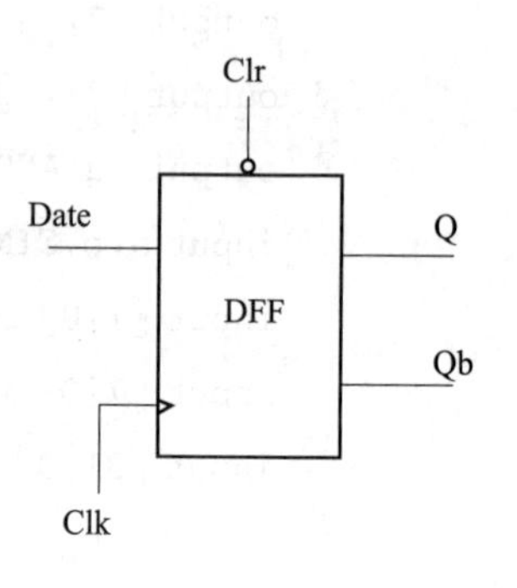

图2-13　行为描述示意图

如图2-13所示，DFF在每一个时钟上升沿，若Clr不是低电平，置Q为D值，置Qb为D值的反。无论何时Clr变低置Q为0，置Qb为1。

2. 过程(procedural)块

过程块是行为模型的基础。如图2-14所示，过程块有两种：initial块，只能执行一次，always块，循环执行。过程块中有下列部件：过程赋值语句：描述过程块中的数据流。高级结构(循环，条件语句)：描述块的功能。时序控制：控制块的执行及块中的语句。

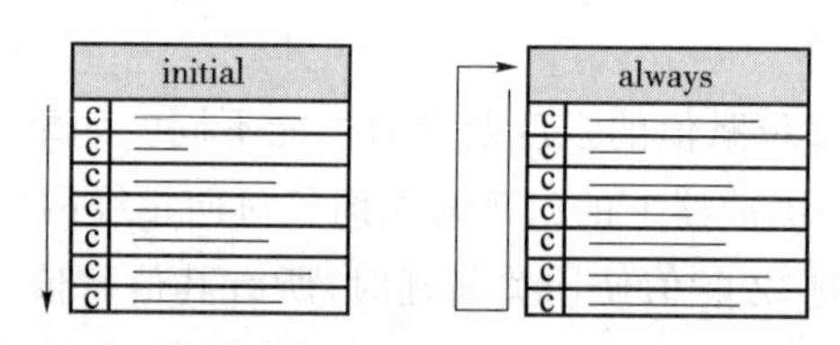

图2-14　过程块使用示意图

1) 过程赋值(procedural assignment)

在过程块中的赋值称为过程赋值。在过程赋值语句中表达式左边的信号必须是寄存器类型(如reg类型)。在过程赋值语句等式右边可以是任何有效的表达式，数据类型也没有限制。如果一个信号没有声明则缺省为wire类型。使用过程赋值语句给wire赋值会产生错误，示例代码如下所示。

```
module adder (out,a,b,cin);
  input a,b,cin;
  output [1:0] out;
  wire a,b,cin;
  reg half_sum;
  reg [1:0] out;
  always @(a or b or cin)
  begin
   half_sum = a^b^cin;       //OK
   half_carry = a & b | a & !b & cin | !a & b & cin;      //ERROR!
```

```
    out = {half_carry,half_sum};
  end
endmodule
```

注：half_carry 没有声明。

2）过程时序控制

过程时序控制在过程块中可以说明过程时序。过程时序控制有三类：简单延时（#delay）：延迟指定时间步后执行。边沿敏感的时序控制：@(<signal>)，在信号发生翻转后执行。可以说明信号有效沿是上升沿（posedge）还是下降沿（negedge）。可以用关键字 or 指定多个参数。电平敏感的时序控制：wait(<expr>)，直至 expr 值为真时（非零）才执行。若 expr 已经为真则立即执行，示例代码如下：

```
module wait_test;
  reg clk,waito,edgeo;
  initial
    beginclk = 0;edgeo = 0;waito = 0;
    end
  always #10 clk = ~clk;
  always @(clk) #2 edgeo = ~edgeo;
  always wait(clk) #2 waito = ~waito;
endmodule
```

3）简单延时

在 test bench 中使用简单延时（#延时）施加激励，或在行为模型中模拟实际延时。示例代码如下：

```
module muxtwo (out,a,b,sl);
  input a,b,sl;
  output out;
  reg out;
  always @(sl or a or b)
    if (!sl)
          #10 out = a;
          //从 a 到 out 延时 10 个时间单位
    else
          #12 out = b;
          //从 b 到 out 延时 12 个时间单位
endmodule
```

在简单延时中可以使用模块参数 parameter，示例代码如下：

```
module clock_gen (clk);
    output clk;
    reg clk;
    parameter cycle = 20;
```

```
    initial clk = 0;
    always
      #(cycle/2) clk = ~clk;
endmodule
```

4）边沿敏感时序

时序控制@可以用在 RTL 级或行为级组合逻辑或时序逻辑描述中。可以用关键字 posedge 和 negedge 限定信号敏感边沿。敏感表中可以有多个信号，用关键字 or 连接，示例代码如下所示。

```
module reg_adder (out,a,b,clk);
    input clk;
    input [2:0] a,b;
    output [3:0] out;
    reg [3:0] out;
    reg [3:0] sum;
    always @(a or b)            //若 a 或 b 发生任何变化，执行
       #5 sum = a + b;
    always @(negedge clk)       //在 clk 下降沿执行
       out = sum;
endmodule
```

注：事件控制符 or 和位或操作符|及逻辑或操作符||没有任何关系。

5）wait 语句

wait 用于行为级代码中电平敏感的时序控制。下面的输出锁存的加法器的行为描述中，使用了用关键字 or 的边沿敏感时序以及用 wait 语句描述的电平敏感时序，示例代码如下所示。

```
module latch_adder (out,a,b,enable);
    input enable;
    input [2:0] a,b;
    output [3:0] out;
    reg [3:0] out;
    always @(a or b)
    begin
          wait (!enable)        //当 enable 为低电平时执行加法
          out = a + b;
    end
endmodule
```

注：综合工具还不支持 wait 语句。

6）命名事件(named event)

在行为代码中定义一个命名事件可以触发一个活动。命名事件不可综合，示例代码如下所示。

```
module add_mult (out,a,b);
   input [2:0]  a,b;
   output [3:0] out;
   reg [3:0] out;
//*** define events ***
   event add,mult;
   always@ (a or b)
      if (a>b)
         ->add;      // *** trigger event ***
      else
         ->mult;     // *** trigger event ***
// *** respond to an   event trigger ***
   always @(add)
      out = a + b;
// *** respond to an event trigger ***
   always @(mult)
      out = a * b;
endmodule
```

在例子中,事件 add 和 mult 不是端口,但定义为事件,它们没有对应的硬件实现,是一种数据类型,能在过程块中触发一个使能,在引用前必须声明。它们没有持续时间,也不具有任何值,只能在过程块中触发一个事件,->操作符用来触发命名事件。如果 a 大于 b,事件 add 被触发,控制传递到等待 add 的 always 块。如果 a 小于或等于 b,事件 mult 被触发,控制被传送到等待 mult 的 always 块。行为描述举例,如下列代码所示。

```
always wait (set)
begin
    @(posedge clk) #3  q = 1;
    #10 q = 0;
    wait (! set);
end
```

7) 行为描述举例如图 2-15 所示。

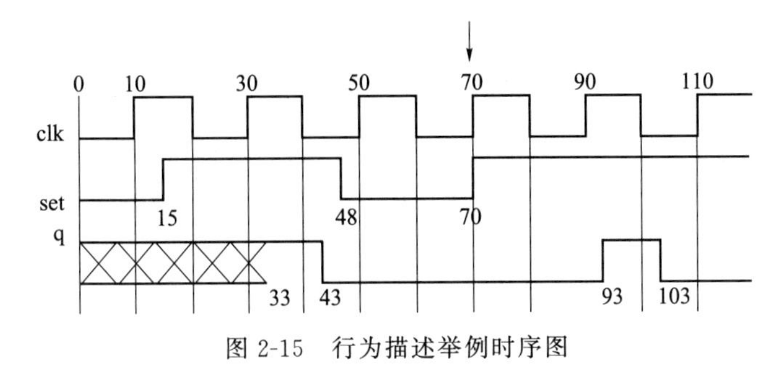

图 2-15　行为描述举例时序图

在图 2-15 的例子中发生下列事件：等待 set=1，忽略时刻 10 的 clk 的 posedge。等待下一个 clk 的 posedge，它将在时刻 30 发生。等待 3 个时间单位，在时刻 33(30+3)置 q=1。等待 10 个时间单位，在时刻 43(33+10)置 q=0。等待在时刻 48 发生的 set=0。等待在时刻 70 发生且与 clk 的上升沿同时发生的 set=1。等待下一个上升沿。时刻 70 的边沿被忽略，因为到达该语句时时间已经过去了，如例子所示，clk=1。

在实际硬件设计中，事件 6 应该被视为一个竞争(race condition)。在仿真过程中，值的确定倚赖于顺序，所以是不可预测的。这是不推荐的建模类型。RTL 描述举例，下面的 RTL 例子中只使用单个边沿敏感时序控制。

8) RTL 描述举例

下面的 RTL 例子中只使用单个边沿敏感时序控制，举例代码如下：

```
module dff (q,qb,d,clk);
output q,qb;
input d,clk;
reg q,qb;
always @(posedge clk)
begin
   q = d;
   qb = ~d;
end
endmodule
```

9) 块语句

块语句用来将多个语句组织在一起，使得它们在语法上如同一个语句。块语句分为两类，描述如下。

(1) 顺序块：该语句置于关键字 begin 和 end 之间，块中的语句以顺序方式执行。

(2) 并行块：在关键字 fork 和 join 之间的是并行块语句，块中的语句并行执行。举例如图 2-16 所示。

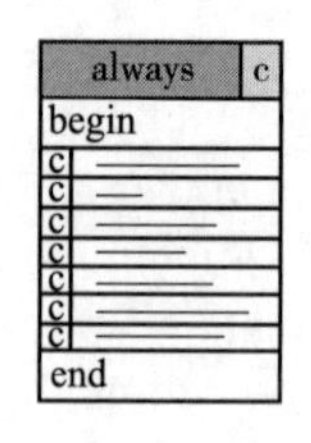

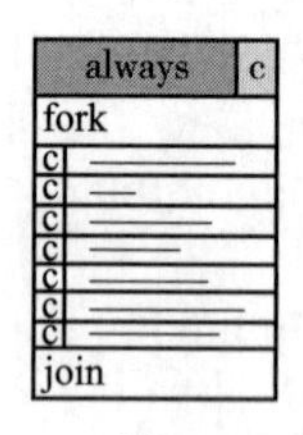

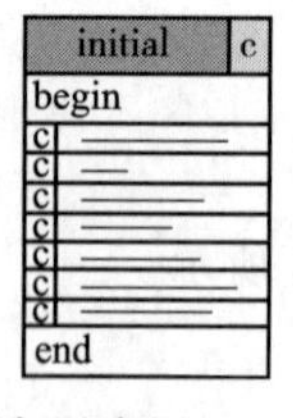

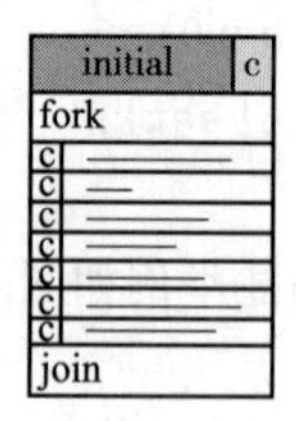

图 2-16　块语句示意图

fork 和 join 语句常用于 test bench 描述。这是因为可以一起给出矢量及其绝对时间，而不必描述所有先前事件的时间。在顺序块中，语句一条接一条地计算执行。在并行块中，所有语句在各自的延迟之后立即计算执行。

```
begin
 #5 a = 3;
 #5 a = 5;
```

```
  #5 a = 4;
end
fork
  #5 a = 3;
  #15 a = 4;
  #10 a = 5;
join
```

上面的两个例子在功能上是等价的。fork-join 例子里的赋值故意打乱顺序是为了强调顺序是没有关系的。注意 fork-join 块是典型的不可综合语句，并且在一些仿真器时效率较差。

10）延时赋值语句

语法：LHS = <timing_control> RHS；时序控制延时的是赋值而不是右边表达式的计算。在延时赋值语句中 RHS 表达式的值都有一个隐含的临时存储。可以用来简单精确地模拟寄存器交换和移位。

```
begin
    temp = b;
    @(posedge clk) a = temp;
end
```

上述代码的等价语句：

```
a = @(posedge clk) b;
```

LHS： Left - hand - side

RHS：Right - hand - side

并行语句在同一时间发生，但由仿真器在另外一个时间执行，如下例所示，将 b 值复制到 a 然后回传。

```
begin
    a = #5 b;
    b = #5 a;
    #10 $display(a,b);
end
```

a 和 b 值安全交换。

```
fork
    a = #5 b;
    b = #5 a;
    #10 $display(a,b);
join
```

在上边第一个例子中，b 的值被立即采样（时刻 0），这个值在时刻 5 赋给 a。a 的值在时刻 5 被采样，这个值在时刻 10 赋给 b。注意，另一个过程块可能在时刻 0 到时刻 5 之间影响 b 的值，或在时刻 5 到时刻 10 之间影响 a 的值。在上边第二个例子中，b 和 a 的值被立即采样(时刻 0),保存的值在时刻 5 被赋值给它们各自的目标。这是一个安全传输。注意,另一个过程块可以在时刻 0 到时刻 5 之间影响 a 和 b 的值。

11）非阻塞过程赋值

过程赋值有两类,阻塞过程赋值和非阻塞过程赋值。阻塞过程赋值执行完成后再执行在顺序块内下一条语句。非阻塞赋值不阻塞过程流,仿真器读入一条赋值语句并对它进行调度之后,就可以处理下一条赋值语句。非阻塞过程赋值,如下列代码所示。

```
module swap_vals;
   reg a,b,clk;
   initial begin
      a = 0;b = 1;clk = 0;
   end
   always #5 clk = ~clk;
   always @(posedge clk)
      begin
         a<= b;      //非阻塞过程赋值
         b<= a;      //交换 a 和 b 值
      end
endmodule
```

若过程块中的所有赋值都是非阻塞的,赋值按两步进行:仿真器计算所有 RHS 表达式的值,保存结果,并进行调度在时序控制指定时间的赋值。在经过相应的延迟后,仿真器通过将保存的值赋给 LHS 表达式完成赋值。阻塞与非阻塞赋值语句行为差别,举例如下面代码所示。

```
module non_block1;
  reg a,b,c,d,e,f;
  initial begin             //blocking assignments
   a = #10 1;               //time 10
   b = #2   0;              //time 12
   c = #4   1;              //time 16
  end
 initial begin              //non - blocking assignments
  d<= #10 1;                //time 10
  e<= #2   0;               //time 2
  f<= #4   1;               //time 4
  end
  initial begin
   $monitor($time,,"a =%b b =%b c =%b d =%b e =%b f =%b",a,b,c,d,e,f);
   #100 $finish;
  end
endmodule
```

输出结果:

```
0     a = x b = x c = x d = x e = x f = x
2     a = x b = x c = x d = x e = 0 f = x
4     a = x b = x c = x d = x e = 0 f = 1
10    a = 1 b = x c = x d = 1 e = 0 f = 1
12    a = 1 b = 0 c = x d = 1 e = 0 f = 1
16    a = 1 b = 0 c = 1 d = 1 e = 0 f = 1
```

12) 条件语句(if 分支语句)

条件语句描述方式如下:

```
if (表达式)
      begin
            ……
      end
else
      begin
            ……
      end
```

可以多层嵌套。在嵌套 if 序列中,else 和前面最近的 if 相关。为提高可读性及确保正确关联,使用 begin...end 块语句指定其作用域。if 和 if-else 语句代码举例如下所示。

```
always #20
  if (index>0)                       //开始外层 if
            if (rega >regb)          //开始内层第一层 if
                    result = rega;
            else
                    result = 0;      //结束内层第一层 if
  else
            if (index == 0)
                  begin
                    $display("Note:Index is zero");
                    result = regb;
                  end
            else
                  $display("Note:Index is negative");
```

13) 条件语句(case 分支语句)

case 语法结构如下所示:

```
case<表达式>
<表达式>:赋值语句或空语句;
<表达式>:赋值语句或空语句;
default:赋值语句或空语句;
```

case 语句是测试表达式与另外一系列表达式分支是否匹配的一个多路条件语句。case 语句进行逐位比较以求完全匹配(包括 x 和 z)。default 语句可选,在没有任何条件成立时执行,此时如果未说明 default,Verilog 不执行任何动作,多个 default 语句是非法的。使用 default 语句是一个很好的编程习惯,特别是用于检测 x 和 z。在 Verilog 中重复说明 case 项是合法的,因为 Verilog 的 case 语句只执行第一个符合项,case 语句代码示例如下:

```
module compute (result,rega,regb,opcode);
   input [7:0] rega,regb;
   input [2:0] opcode;
   output [7:0] result;
   reg [7:0] result;
   always @(rega or regb or opcode)
      case (opcode)
            3'b000:result = rega + regb;
            3'b001:result = rega - regb;
            3'b010:          //specify multiple cases with the same result
            3'b100:result = rega/regb;
            default:begin
                  result = 'bx;
                  $display ("no match");
            end
      endcase
endmodule
```

casez 和 casex 为 case 语句的变体,允许比较无关(don't-care)值。case 表达式或 case 项中的任何位为无关值时,在比较过程中该位不予考虑。在 casez 语句中,? 和 z 被当作无关值。在 casex 语句中,?,z 和 x 被当作无关值。

14) 循环(looping)语句

Verilog 共有四种循环语句:

repeat:将一块语句循环执行确定次数。

repeat (次数表达式)<语句>

while:在条件表达式为真时一直循环执行。

while (条件表达式)<语句>

forever:重复执行直到仿真结束。

forever<语句>

for:在执行过程中对变量进行计算和判断,在条件满足时执行。

for(赋初值;条件表达式;计算)<语句>

repeat:将一块语句循环执行确定次数,语法为:repeat (次数表达式) 语句,代码示例如下。

```
//Parameterizable shift and add multiplier
module multiplier(result,op_a,op_b);
```

```
    parameter size = 8;
    input [size:1] op_a,op_b;
    output [2 * size:1] result;
    reg [2 * size:1] shift_opa,result;
    reg [size:1] shift_opb;
    always @(op_a or op_b) begin
        result = 0;
        shift_opa = op_a;                  //零扩展至 16 位
        shift_opb = op_b;
        repeat (size) begin
            #10 if (shift_opb[1]) result = result + shift_opa;
            shift_opa = shift_opa<<1;   //Shift left
            shift_opb = shift_opb>>1;   //Shift right
        end
    end
endmodule
```

while:只要表达式为真(不为 0),则重复执行一条语句(或语句块),代码示例如下:

```
……
reg [7:0] tempreg;
reg [3:0] count;
……
    count = 0;
    while (tempreg)                    //统计 tempreg 中 1 的个数
    begin
        if (tempreg[0]) count = count + 1;
        tempreg = tempreg>>1;       //Shift right
    end
end
……
```

forever:一直执行到仿真结束。forever 应该是过程块中最后一条语句。其后的语句将永远不会执行。forever 语句不可综合,通常用于 test bench 描述,代码示例如下:

```
……
reg clk;
initial
    begin
    clk = 0;
    forever
        begin
            #10 clk = 1;
```

```
                #10 clk = 0;
        end
        ……
end
……
```

这种行为描述方式可以非常灵活的描述时钟,可以控制时钟的开始时间及周期占空比,仿真效率也高。

for:只要条件为真就一直执行。条件表达式若是简单地与 0 比较通常处理得更快一些,但综合工具可能不支持与 0 的比较,示例代码如下:

```
//X 检测
for (index = 0;index<size;index = index + 1)
        if (val[index] === 1'bx)
                $display ("found an X");
//存储器初始化;"!= 0"仿真效率高
for (i = size;i != 0;i = i - 1)
        memory[i - 1] = 0;
//阶乘序列
factorial = 1;
for (j = num;j != 0;j = j - 1)
        factorial = factorial * j;
```

15) 行为级零延时循环

当事件队列中所有事件结束后仿真器向前推进。但在零延时循环中,事件在同一时间片不断加入,使仿真器停滞在最后那个时间片。在下面的例子中,对事件进行了仿真但仿真时间不会推进。当 always 块和 forever 块中没有时序控制时就会发生这种情况,示例代码如下所示。

```
module comparator(out,in1,in2);
   output [1:0] out;
   input [7:0] in1,in2;
   reg [1:0] out;
      always
            if (in1 == in2)
                  out = 2'b00;
               else if (in1>in2)
                  out = 2'b01;
               else
                  out = 2'b10;
      initial
            #10 $finish;
endmodule
```

2.7 Verilog 中的高级结构

1. Verilog 的任务及函数

结构化设计是将任务分解为较小的,更易管理的单元,并将可重用代码进行封装。这通过将设计分成模块,或任务和函数实现。

1）任务(task)

通常用于调试,或对硬件进行行为描述。可以包含时序控制(＃延迟,@,wait),可以有input、output 和 inout 参数,可以调用其他任务或函数。在下面代码中的任务含有时序控制和一个输入,并引用了一个 module 变量,但没有 output、inout、内部变量,也不显示任何结果。时序控制中使用的信号(例如 clk)一定不能作为任务的输入,因为输入值只向该任务传送一次。

```
module top;
    reg clk,a,b;
    DUT u1 (out,a,b,clk);
    always #5 clk = !clk;
    task neg_clocks;
        input [31:0] number_of_edges;
        repeat(number_of_edges) @(negedge clk);
    endtask
    initial begin
        clk = 0;a = 1;b = 1;
        neg_clocks(3);//任务调用
        a = 0;  neg_clocks (5);
        b = 0;
    end
endmodule
```

任务的主要特点:任务可以有 input、output 和 inout 参数。传送到任务的参数与任务I/O 说明顺序相同。尽管传送到任务的参数名称与任务内部 I/O 说明的名字可以相同,但在实际中这通常不是一个好的方法。参数名的唯一性可以使任务具有好的模块性。可以在任务内使用时序控制。在 Verilog 中任务定义一个新范围(scope)。要禁止任务,使用关键字 disable。

从代码中多处调用任务时要小心。因为任务的局部变量只有一个副本,并行调用任务可能导致错误的结果。在任务中使用时序控制时这种情况时常发生。在任务或函数中引用调用模块的变量时要小心。如果想使任务或函数能从另一个模块调用,则所有在任务或函数内部用到的变量都必须列在端口列表中。

在下面的代码中任务有输入、输出、时序控制和一个内部变量,并且引用了一个 module变量。但没有双向端口,也没有显示。任务调用时的参数按任务定义的顺序列出。

```
module mult (clk,a,b,out,en_mult);
    input clk,en_mult;
    input [3:0] a,b;
    output [7:0] out;
    reg [7:0] out;
    always @(posedge clk)
        multme (a,b,out);       //任务调用
    task multme;                //任务定义
        input [3:0] xme,tome;
        output [7:0] result;
        wait (en_mult)
            result = xme * tome;
    endtask
endmodule
```

2）函数(function)

函数(function)通常用于计算，或描述组合逻辑。函数不能包含任何延时；函数仿真时间为 0。函数只含有 input 参数并由函数名返回一个结果。函数可以调用其他函数，但不能调用任务。任务和函数必须在 module 内调用，在任务和函数中不能声明 wire。所有输入/输出都是局部寄存器，任务/函数执行完成后才返回结果。例如，若任务/函数中有 forever 语句，则永远不会返回结果。函数的使用如下代码所示。

```
module orand (a,b,c,d,e,out);
    input [7:0] a,b,c,d,e;
    output [7:0] out;
    reg [7:0] out;
    always @(a or b or c or d or e)
    out = f_or_and (a,b,c,d,e);        //函数调用
    function [7:0] f_or_and;
      input [7:0] a,b,c,d,e;
      if  (e == 1)
         f_or_and = (a | b) & (c | d);
      else
         f_or_and = 0;
    endfunction
endmodule
```

函数中不能有时序控制，但调用它的过程可以有时序控制。函数名 f_or_and 在函数中作为 register 使用。函数的主要特性：函数定义中不能包含任何时序控制语句。函数至少有一个输入，不能包含任何输出或双向端口。函数只返回一个数据，其缺省为 reg 类型。传送到函数的参数顺序和函数输入参数的说明顺序相同。函数在模块(module)内部定义。函数不能调用任务，但任务可以调用函数。函数在 Verilog 中定义了一个新的范围(scope)。

虽然函数只返回单个值,但返回的值可以直接给信号连接赋值。这在需要有多个输出时非常有效。如下例所示:{o1,o2,o3,o4}=f_or_and (a,b,c,d,e);。

要返回一个向量值(多于一位),在函数定义时在函数名前要说明范围。函数中需要多条语句时用 begin 和 end。不管在函数内对函数名进行多少次赋值,值只返回一次。在下列代码中,函数还在内部声明了一个整数。

```
module foo;
   input [7:0] loo;
   output [7:0] goo;
   //可以在持续赋值中调用函数
   wire [7:0] goo = zero_count (loo);
   function [3:0] zero_count;
   input [7:0] in_bus;
   integer I;
   begin
     zero_count = 0;
     for (I = 0;I<8;I = I + 1)
     if (! in_bus[I])
     zero_count = zero_count + 1;
   end
   endfunction
endmodule
```

函数返回值可以声明为其他 register 类型:integer、real 或 time。在任何表达式中都可调用函数,如以下代码所示。

```
module checksub (neg,a,b);
   output neg;
   reg neg;
   input a,b;
   function  integer  subtr;
          input [7:0] in_a,in_b;
          subtr = in_a - in_b;          //结果可能为负
   endfunction
   always @ (a or b)
          if (subtr(a,b)<0)
              neg = 1;
          else
              neg = 0;
endmodule
```

函数中可以对返回值的个别位进行赋值。函数值的位数、函数端口甚至函数功能都可以参数化。如以下代码所示。

```
......
parameter MAX_BITS = 8;
reg [MAX_BITS:1]  D;
function  [MAX_BITS:1]  reverse_bits;
          input [MAX_BITS - 1:0] data;
          integer K;
          for (K = 0;K<MAX_BITS;K = K + 1)
              reverse_bits [MAX_BITS - (K + 1)] = data [K];
endfunction
always @ (posedge clk)
          D = reverse_bits (D);
......
```

3) Verilog 系统函数

Verilog 的系统函数统一以"$"开头。输出控制:$display、$write、$monitor。模拟时标:$time、$realtime。进程控制:$finish、$stop。文件读写:$readmem。其他包括:$random、$signed、$unsigned、$fopen、$fclose、$fdisplay、$fwrite、$fmonitor 等。

$write 和$display 列出所指定信号的值,它们的功能都相同,唯一不同点在$display 输出结束后会自动换行,而$write 不会换行。示例如以下代码所示。

```
$write ("%b \t %h \t %d \t %o\n",a,b,c,d);
$display ("%b \t %h \t %d \t %o",a,b,c,d);
```

输出格式说明符以及转义字符,如表 2-11 所示。

表 2-11 输出格式说明符以及转义字符表

Format Specification	Escaped character
%h or %H display in hexadecimal format	\n is the new line character
%d or %D display in decimal format	\t is the tab character
%o or %O display in octal format	\\ is the backslash character
%b or %B display in binary format	\" is the " character
%c or %C display in ASCII format	\o 1-3 digits octal number
%v or %V display net signal strength	%% is the percent character
%m or %M display hierarchical name	
%s or %S display as a string	
%t or %T display in current time format	

$monitor:输出变量的任何变化,都会输出一次结果;而$write 和$display 每调用一次就执行一次。例如下代码所示。

```
module monitor_test;
   reg in;wire out;
   not #1 U0(out,in);
   initial
       $monitor($time,"out = %b in = %b",out,in);
```

```
  initial begin
      in = 0;
      #10 in = 1;
      #10 in = 0;
  end
endmodule
```

输出结果为:(注意延时!)

```
0    out = x      in = 0
1    out = 1      in = 0
10   out = 1      in = 1
11   out = 0      in = 1
20   out = 0      in = 0
21   out = 1      in = 0
```

示例如下代码所示:

```
module monitor_test;
    reg in;wire out;
    not #1 U0(out,in);
    initial
        $display($time,"out = %b in = %b",out,in);
    initial begin
        in = 0;
        #10 in = 1;
        #10 in = 0;
    end
endmodule
```

输出结果为:out=x in=x。

模拟时标:返回从执行到调用时刻的时间。如:$time:返回一个 64-bit 的整数,$realtime:返回一个实数。例:$monitor($time,"out=%b in=%b",out,in);

$finish 与$stop,$finish 终止仿真器的运行,$stop 暂停模拟程序的执行,不退出仿真进程。$readmem:把文件内容读入指定存储器,格式如以下示例。

```
readmemb("文件名",存储器名,起始地址,结束地址);
readmemh("文件名",存储器名,起始地址,结束地址);
```

例:

```
reg [7:0] mem[1:256];
initial $readmemh("mem.data",mem);
initial $readmemh("mem.data",mem,128,156);
```

4) 命名块(named block)

命名块:在关键词 begin 或 fork 后加上:<块名称>对块进行命名。如下代码所示。

```
module named_blk;
……
   begin:seq_blk
……
   end
……
   fork:par_blk
……
   join
……
endmodule
```

在命名块中可以声明局部变量,可以使用关键词 disable 禁止一个命名块。命名块定义了一个新的范围,命名块会降低仿真速度。

5) 禁止命名块和任务

可以使用 disable 语句终结一个命名块或任务的所有活动。也就是说,在一个命名块或任务中的所有语句执行完之前就返回,其语法结构如下所示。

disable<块名称>或 disable<任务名称>

当命名块或任务被禁止时,所有因它们调度的事件将从事件队列中清除。disable 是典型的不可综合语句。在下面代码的例子中,只禁止命名块也可以达到同样的目的:禁止后所有由命名块、任务及其中的函数调度的事件都被取消。

```
module do_arith (out,a,b,c,d,e,clk,en_mult);
   input clk,en_mult;
   input [7:0] a,b,c,d,e;
   output [15:0] out;
   reg [15:0] out;
   always @(posedge clk)
         begin:arith_block                                  //*** 命名块 ***
              reg [3:0] tmp1,tmp2;                          //*** 局部变量 ***
              {tmp1,tmp2} = f_or_and (a,b,c,d,e);           //函数调用
              if (en_mult)  multme (tmp1,tmp2,out);         //任务调用
         end
   always @(negedge en_mult) begin                          //中止运算
         disable  multme;                                   //*** 禁止任务 ***
         disable  arith_block;                              //*** 禁止命名块 ***
         end
//下面定义任务和函数
         ……
endmodule
```

第 3 章 FPGA 开发板及 Vivado 开发工具的使用

3.1 Xilinx FPGA 开发板

3.1.1 Nexys 4 DDR 开发板介绍

本书实验所采用的 Nexys 4 DDR 开发板搭载了 Xilinx®Artix™-7 FPGA 芯片，是一个打开即用型的数字电路开发平台，帮助使用者能够在课堂环境下实现诸多工业领域的应用。Nexys 4 DDR 开发板集成了 USB、以太网和其他端口，内置了加速度计、温度传感器、微机电系统数字麦克风、扩音器和大量的 I/O 设备等外设，其开发板具体如图 3-1 所示。

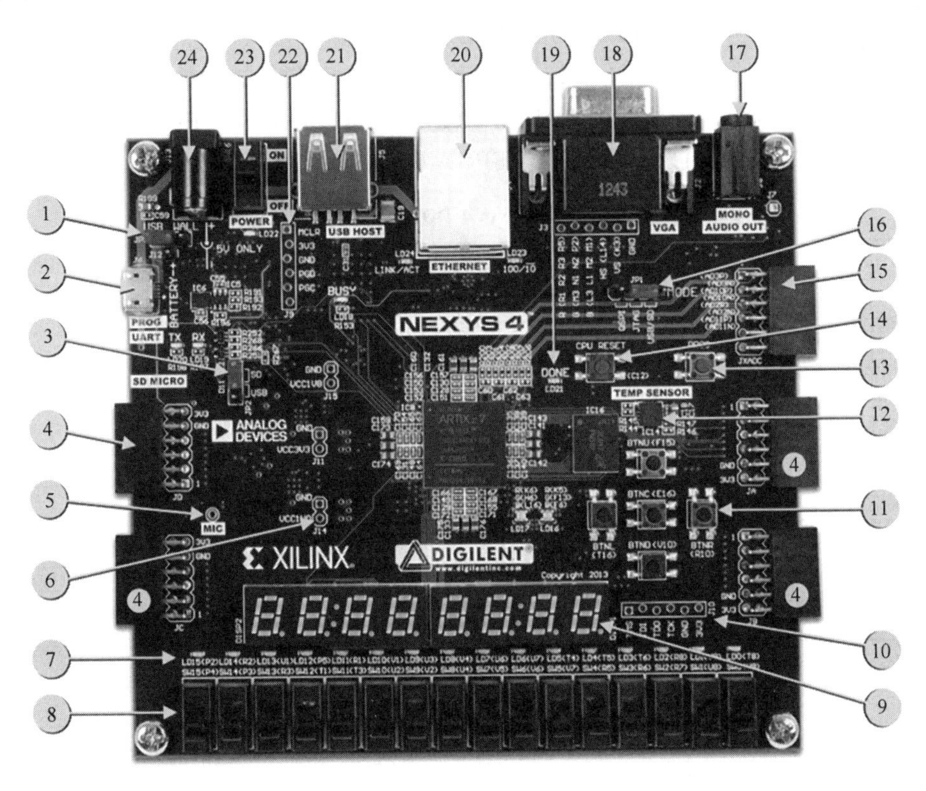

图 3-1 Nexys 4 DDR 开发板

表 3-1 给出了 Nexys 4 DDR 开发板对应数字引脚的名称及功能说明。

表 3-1 Nexys 4 DDR 开发板功能说明

编号	构件描述	编号	构件描述
1	电源选择条线	13	FPGA 复位按钮
2	UART/JTAG 共享 USB 接口	14	CPU 复位按钮
3	外部配置条线(SD/USB)	15	用于 XADC 信号的 Pmod
4	Pmod 端口	16	程序模式选择
5	麦克风	17	音频接口
6	电源测试点	18	VGA 接口
7	16 * LED	19	FPGA 编程完成 LED
8	16 * 开关	20	以太网端口
9	8 * 7 段数码管	21	USB 主机端口
10	JTAG 端口	22	PIC24 编程端口
11	5 * 按键	23	电源开关
12	温度传感器	24	外接电源

3.1.2 主要外围接口电路介绍

1. Nexys 4 DDR Aritix-7 FPGA 引脚分配

板卡中主要外围接口电路包含 16 个拨动开关、5 个按键、16 个独立的 LED 指示灯和 8 位 7 段数码管，如图 3-2 所示。板卡上 Nexys 4 DDR Artix-7 FPGA 的引脚分配如表 3-2 所示，表中给出了用户 I/O 信号与 FPGA 引脚的对应关系。

表 3-2 板卡 I/O 信号与 Nexys 4 DDR Aritix-7 FPGA 引脚分配表

LED 信号	FPGA 引脚	数码管信号	FPGA 引脚	SW 信号	FPGA 引脚	其他 I/O 信号	FPGA 引脚
LD0	H17	CA	T10	SW0	J15	BTNC	N17
LD1	K15	CB	R10	SW1	L16	BTNU	M18
LD2	J13	CC	K16	SW2	M13	BTNL	P17
LD3	N14	CD	K13	SW3	R15	BTNR	M17
LD4	R18	CE	P15	SW4	R17	BTND	P18
LD5	V17	CF	T11	SW5	T18		
LD6	U17	CG	L18	SW6	U18	时钟	引脚
LD7	U16	DP	H15	SW7	R13	CLK100MHz	E3
LD8	V16	AN[0]	J17	SW8	T8		
LD9	T15	AN[1]	J18	SW9	U8		
LD10	U14	AN[2]	T9	SW10	R16		
LD11	T16	AN[3]	J14	SW11	T13		
LD12	V15	AN[4]	P14	SW12	H6		
LD13	V14	AN[5]	T14	SW13	U12		
LD14	V12	AN[6]	K2	SW14	U11		
LD15	V11	AN[7]	U13	SW15	V10		

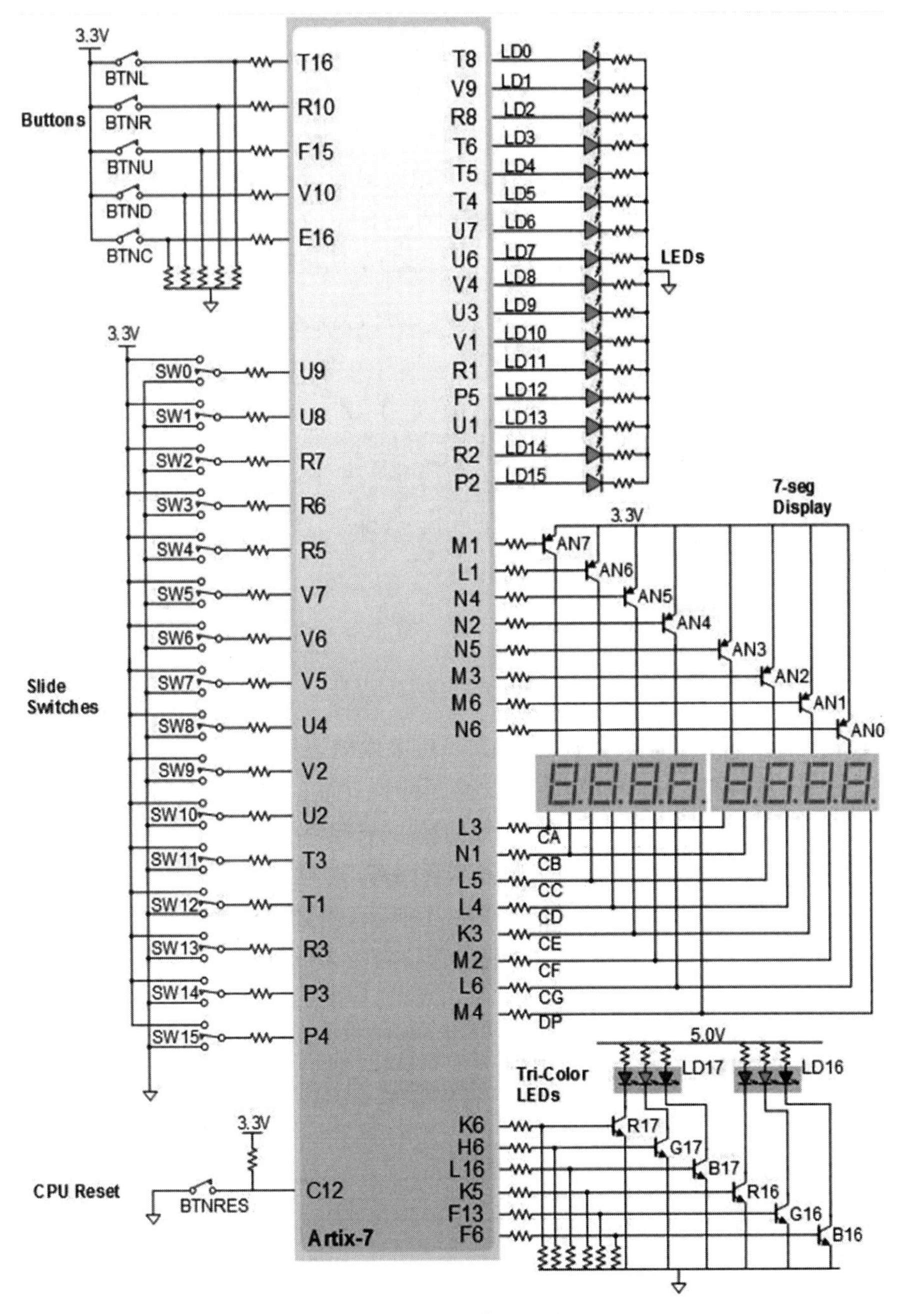

图 3-2　板卡外设电路

2. LED 灯电路

当 FPGA 输出为高电平时，相应的 LED 点亮；否则，LED 熄灭。板上配有 16 个 LED。在实验中灵活应用，可用作标志显示或代码调试结果显示。

3. 拨码开关电路

使用 16 位拨码开关时需要注意：当开关拨到下挡时，表示 FPGA 输入为低电平。

4. 按键电路

板上配有 5 个按键，当按键按下时，表示 FPGA 的相应输入脚为高电平。在开发学习过程中，建议每个工程项目都有一个复位输入，这样有利于代码调试。

5. 数码管电路

板卡使用的是两个 4 位带小数点的七段共阳数码管，每一位都由七段 LED 组成。每段 LED 可以单独描述，当相应的输出脚为低电平时，该段位的 LED 点亮。每一位数码管的七段 LED 的阳极都连接在一起，形成共阳极节点，七段 LED 的阴极都是彼此独立的如图 3-3 所示。

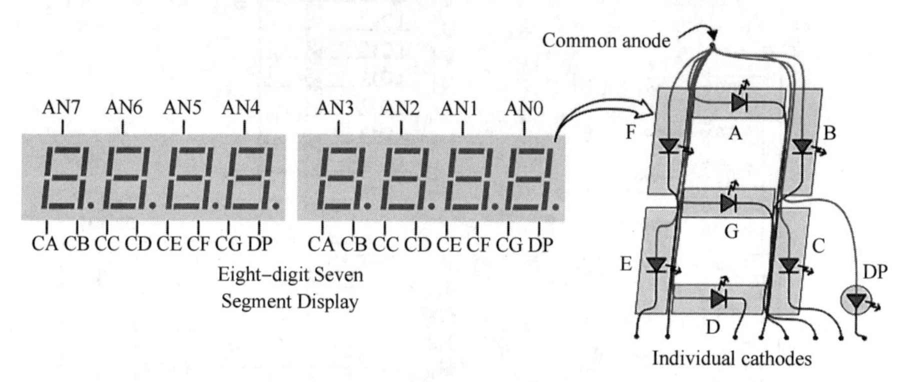

图 3-3　共阳极电路节点

实际应用中，经常需要多个数码管显示，一般采取动态扫描显示方式。这种方式利用了人眼的滞留现象，即多个发光管轮流交替点亮。板卡上的 8 个数码管，只要在刷新周期 1～16 ms(对应刷新频率为 62.5 Hz～1 kHz)期间使 8 个数码管轮流点亮一次(每个数码管的点亮时间就是刷新周期的 1/8)，则人眼感觉不到闪烁，宏观上仍可看到 8 位 LED 同时显示的效果。8 位数码管的扫描控制时序图如图 3-4 所示，当数码管对应的阳极信号为高电平时，控制器必须按照正确的方式驱动相应数码管的阴极为低电平。

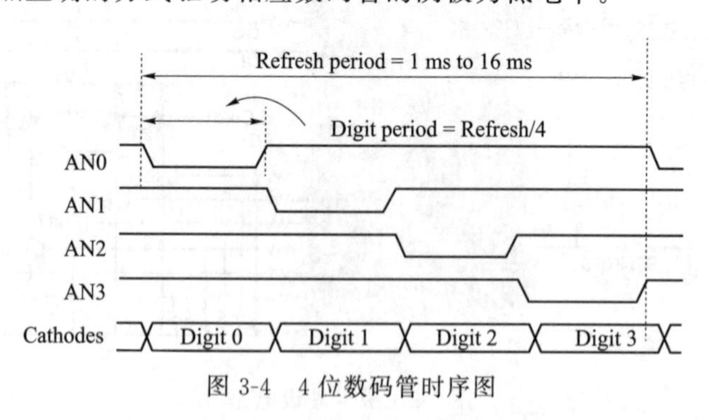

图 3-4　4 位数码管时序图

3.2　Vivado 安装及设计流程

Vivado 设计分为 Project Mode 和 Non-project Mode 两种模式，一般简单设计中，我们常用的是 Project Mode。在本节中，我们通过一个实验案例，按步骤完成 Vivado 的整个设计流程。在本次实验中，将会学习如何使用 Xilinx Vivado 2016.2 创建、综合、实现等功能。

本实验通过编写点亮 LED 灯实验来展示使用 Xilinx Vivado 来进行基本的 FPGA 设计。实验流程如图 3-5 所示。

Vivado 流程处理主界面如图 3-6 所示。

在Vivado中创建RTL设计
进行HDL语言编写
设置激励仿真
综合、实现、进行引脚约束
生成bit文件下载到FPGA

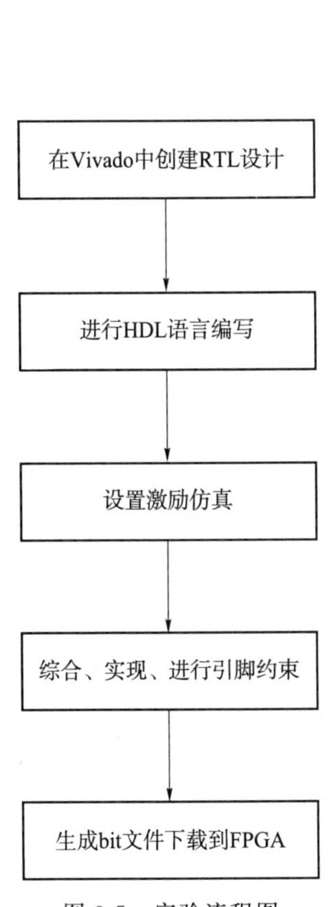

图 3-5 实验流程图

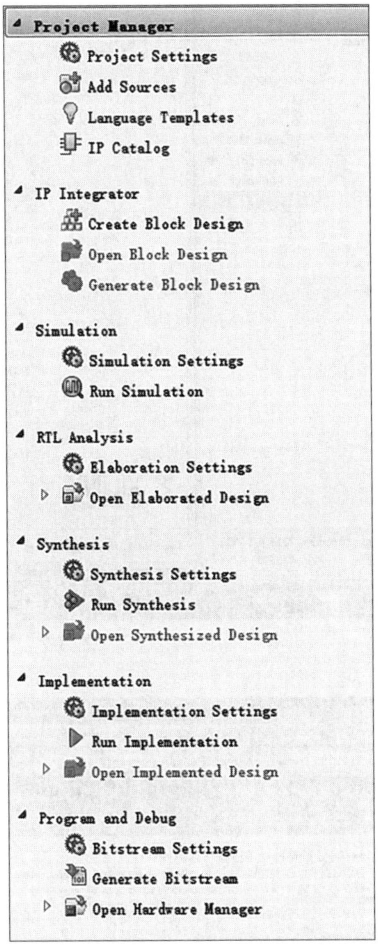

Project Manager
Project Settings
Add Sources
Language Templates
IP Catalog
IP Integrator
Create Block Design
Open Block Design
Generate Block Design
Simulation
Simulation Settings
Run Simulation
RTL Analysis
Elaboration Settings
Open Elaborated Design
Synthesis
Synthesis Settings
Run Synthesis
Open Synthesized Design
Implementation
Implementation Settings
Run Implementation
Open Implemented Design
Program and Debug
Bitstream Settings
Generate Bitstream
Open Hardware Manager

图 3-6 Vivado 流程处理主界面

3.2.1 安装 Vivado 2016

1. Vivado 2016.2 安装步骤如下：

(1) 解压 Xilinx_Vivado_SDK_2016.2_0605_1.tar 文件。

(2) 如图 3-7 所示，在解压文件夹中找到 xsetup，单击鼠标右键，以管理员身份运行。

(3) 单击“Next”按钮，在图 3-8 中选择同意。

(4) 单击“Next”按钮，在图 3-9 中选择“Vivado HL Design Edition”选项。

(5) 单击“Next”按钮，在图 3-10 中输入想要安装的目录。

(6) 单击“Next”按钮，进入安装过程，如图 3-11 所示。

(7) 安装过程中有两个软件提示选择安装与否，均选择安装。安装过程画面如图 3-12 所示。

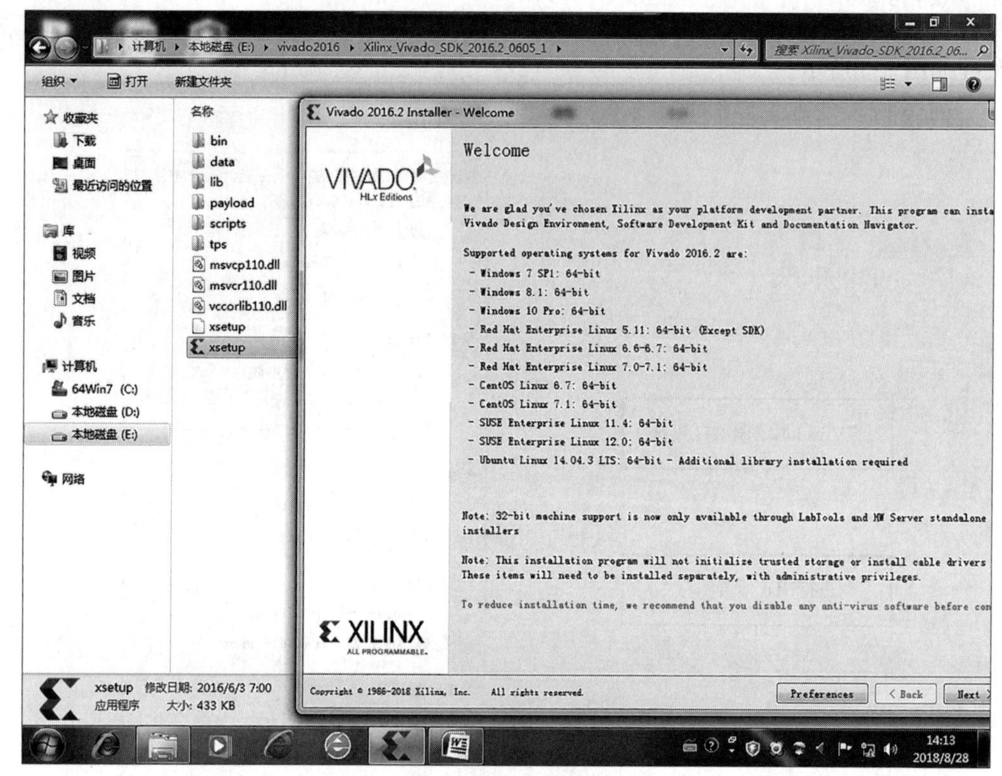

图 3-7 安装开始画面

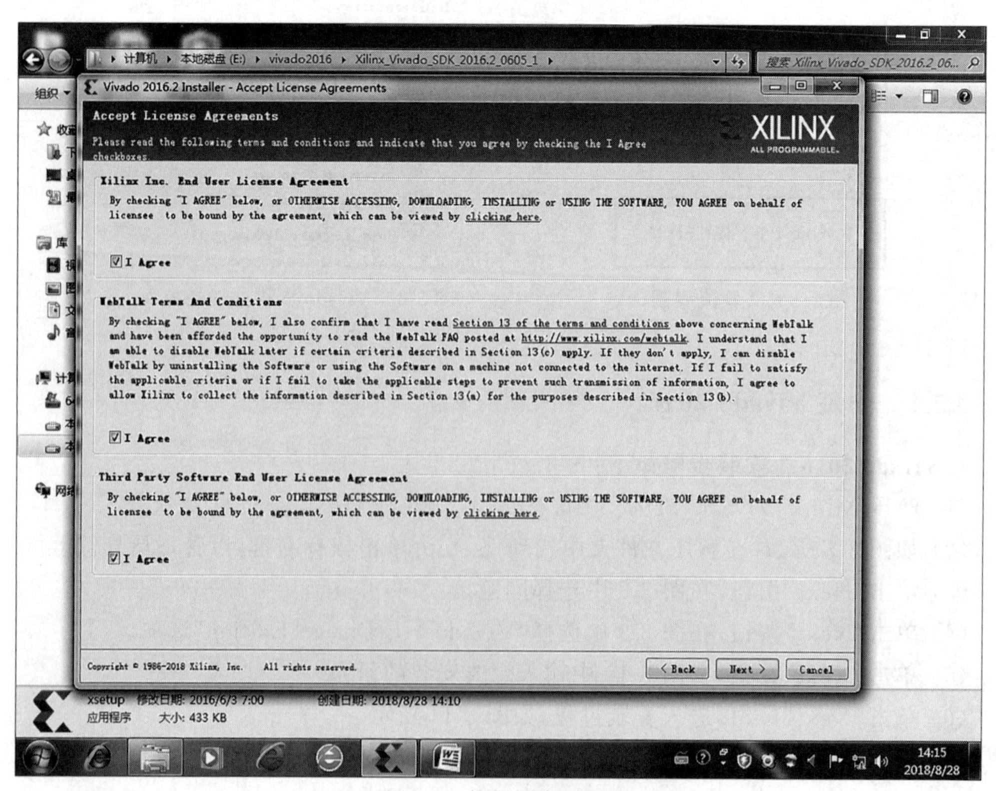

图 3-8 协议同意画面

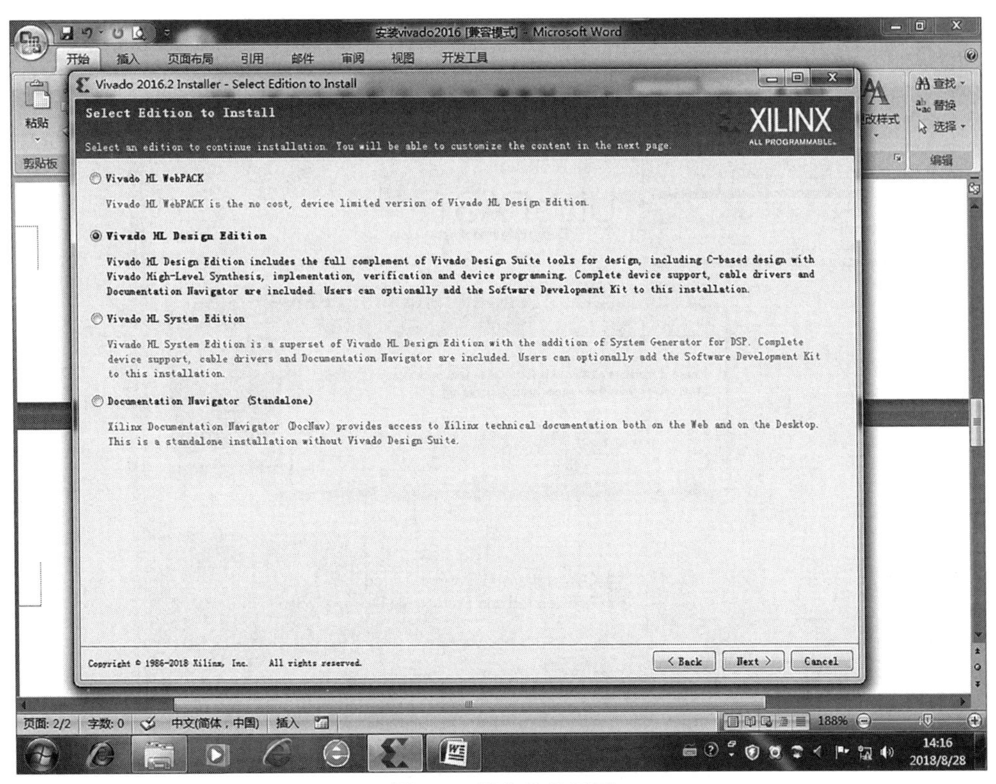

图 3-9　版本选择画面

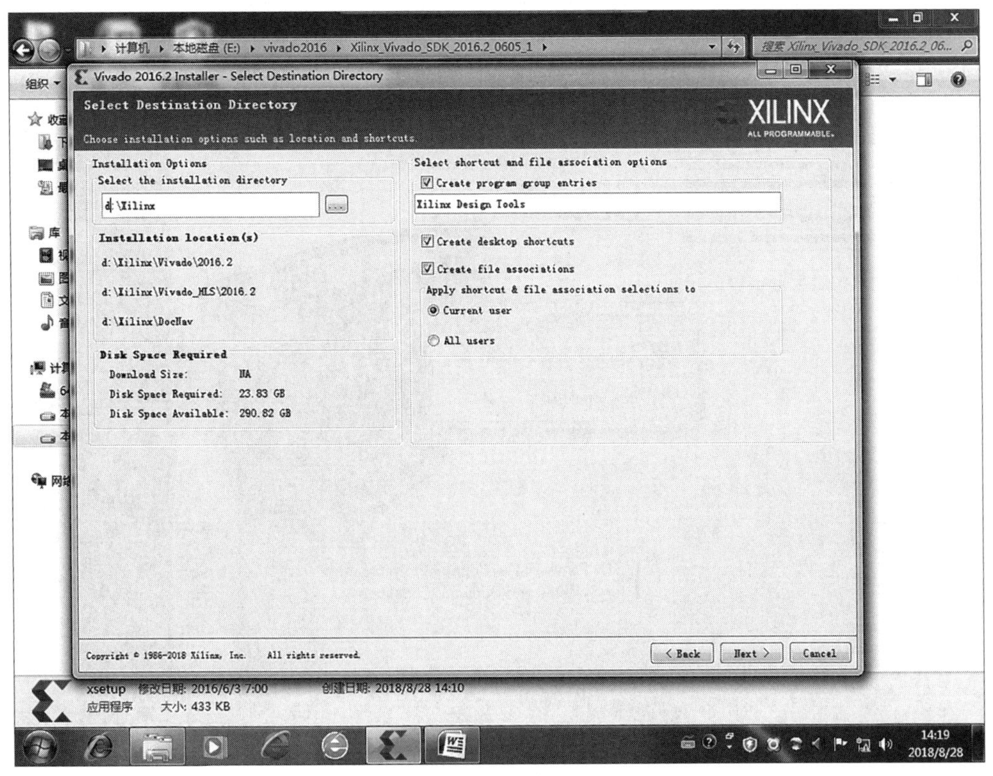

图 3-10　输入安装目录画面

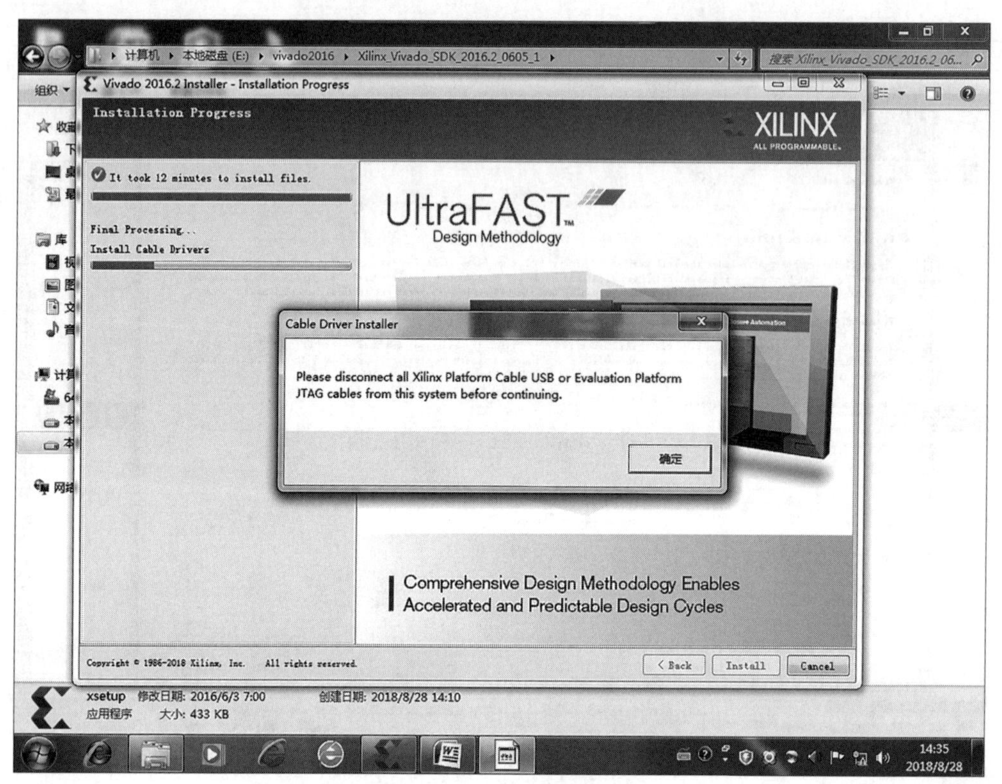

图 3-11 安装过程画面

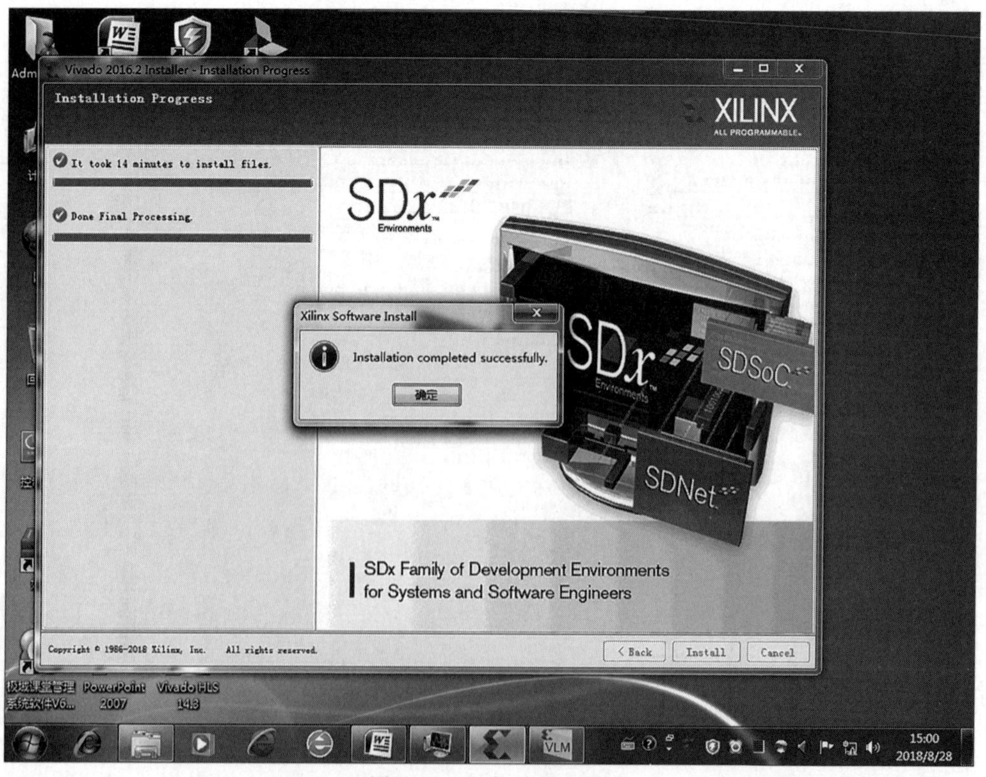

图 3-12 安装过程画面

图 3-12 提示安装成功。安装成功后，图 3-13 中单击"load license"选项，然后单击"copy license"选项，在安装目录中找到 Vivado_Mighty_License.lic 文件进行 license 安装，如图 3-13所示为 license 安装成功。

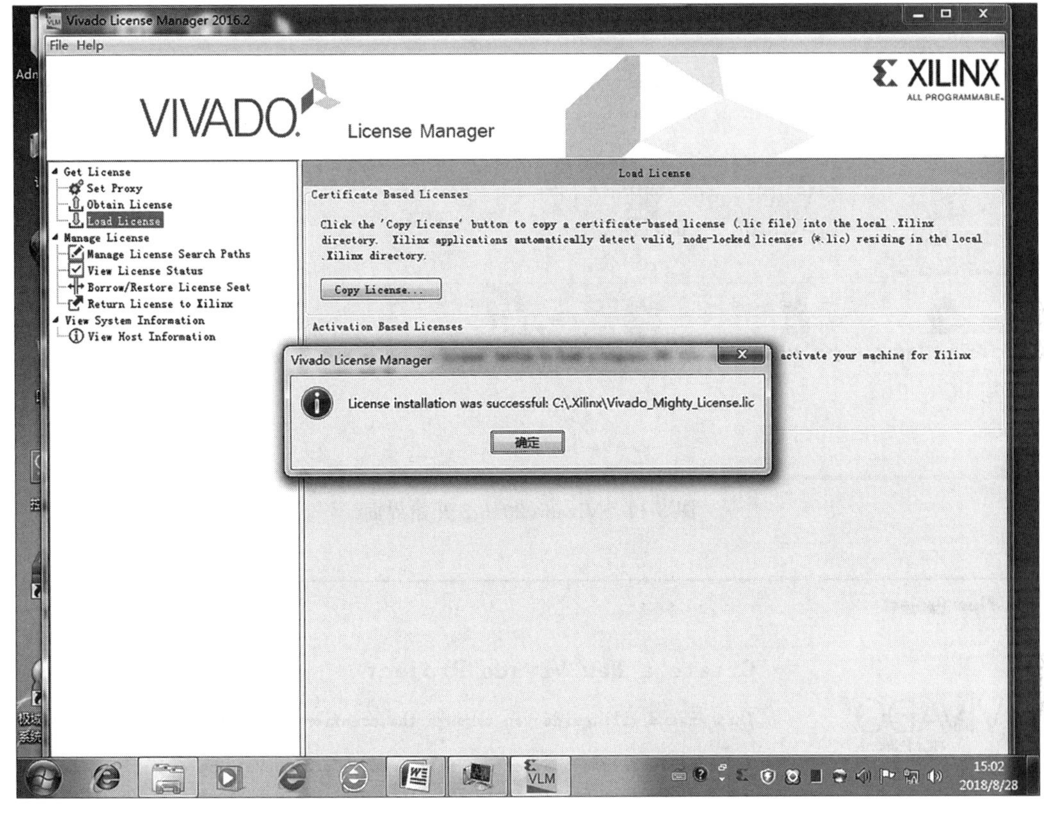

图 3-13 License 安装过程画面

3.2.2 新建工程

(1) 打开 Vivado 2016.2 开发工具。可通过桌面快捷方式或开始菜单中 Xilinx Design Tools->Vivado 2016.2 下的 Vivado 2016.2 打开软件。开启后，界面如图 3-14 所示。

(2) 单击图 3-14 界面中的"Create New Project"图标，弹出新建工程向导如图 3-15 所示，单击"Next"按钮。

(3) 弹出如图 3-16 所示界面，输入工程名称、选择工程存储路径，并勾选"Create project subdirectory"选项，为工程在指定存储路径下建立独立的文件夹，设置完成后，单击"Next"按钮。注意：工程名称和存储路径中不能出现中文和空格，建议工程名称以字母、数字、下划线来组成。

(4) 在弹出的图 3-17 所示界面中，选择"RTL Project"选项，并勾选"Do not specify sources at this time"选项，勾选该选项是为了跳过在新建工程的过程中添加设计源文件，单击"Next"按钮。

(5) 在图 3-18 所示界面中，根据使用的 FPGA 开发平台，选择对应的 FPGA 目标器件。本节 FPGA 采用 Artix-7 XC7A100T-1CSG324C 的器件，即 Family 和 Subfamily 均为

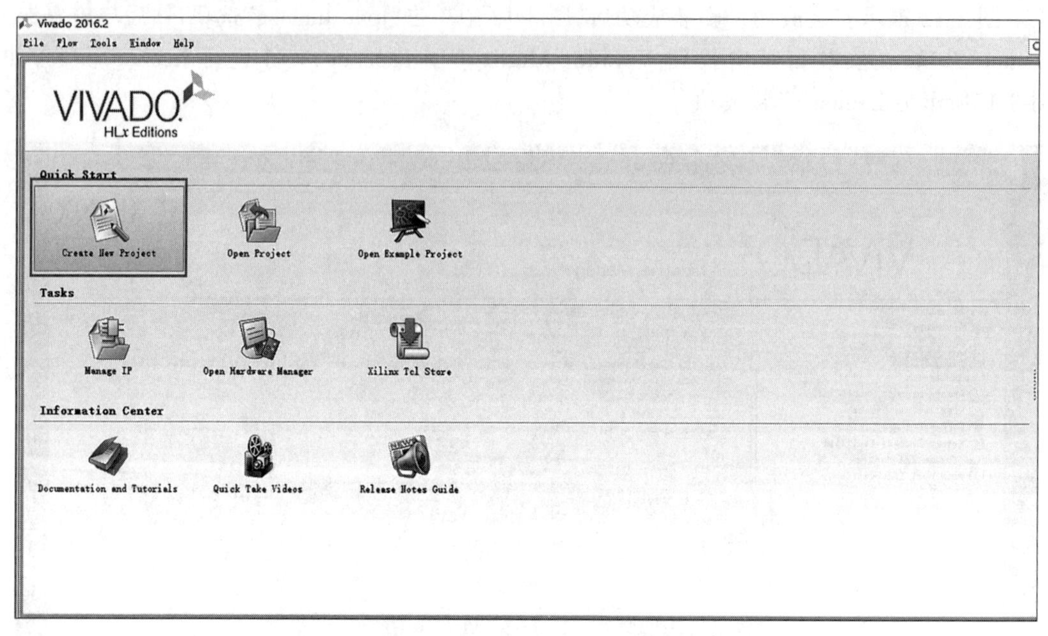

图 3-14　Vivado 2016.2 开始界面

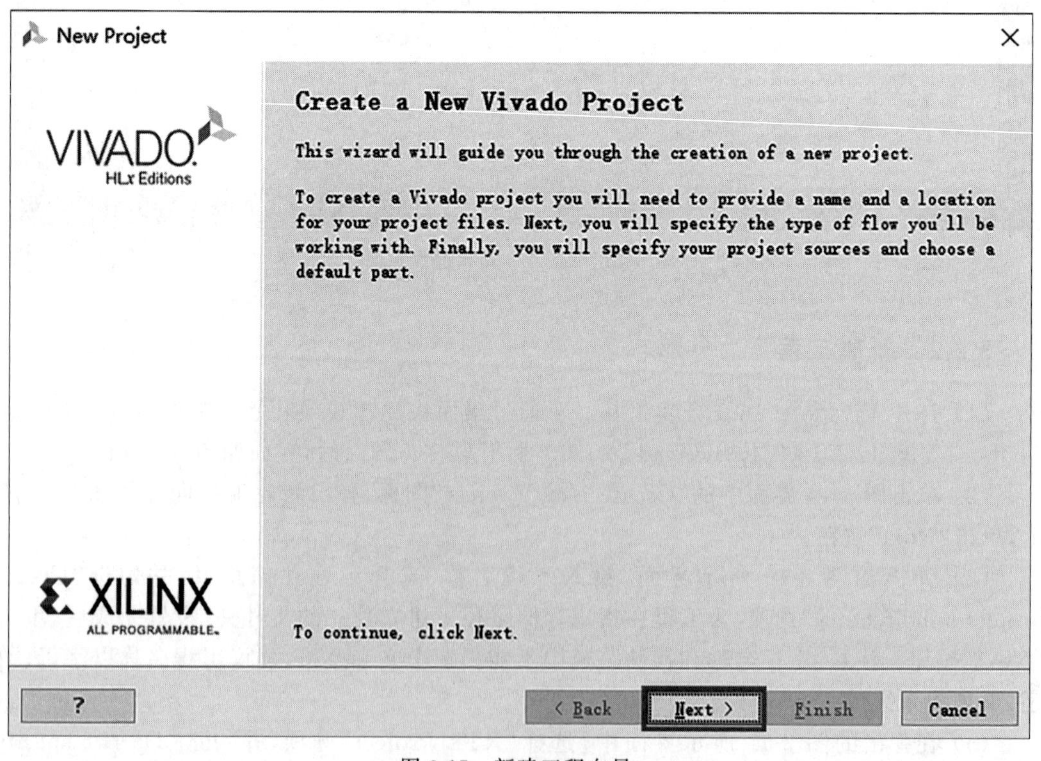

图 3-15　新建工程向导

Artix-7，封装形式（Package）为 CSG324，速度等级（Speed grade）为-1，温度等级（Temp Grade）为 C），单击“Next”按钮。

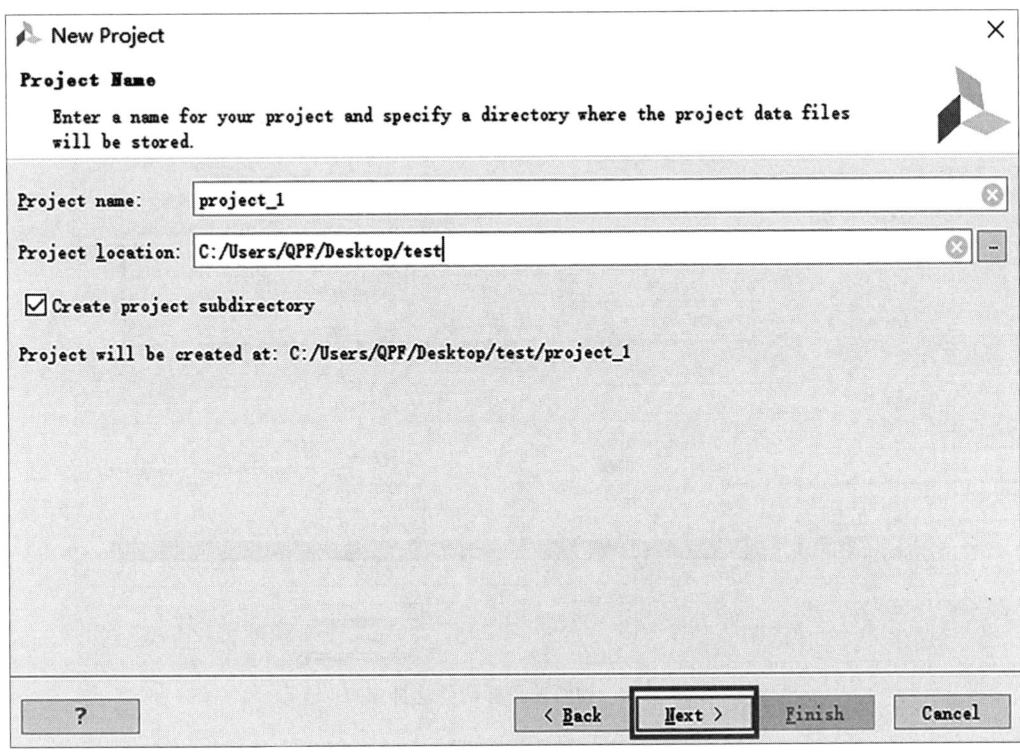

图 3-16　工程名称和存储路径设置窗口

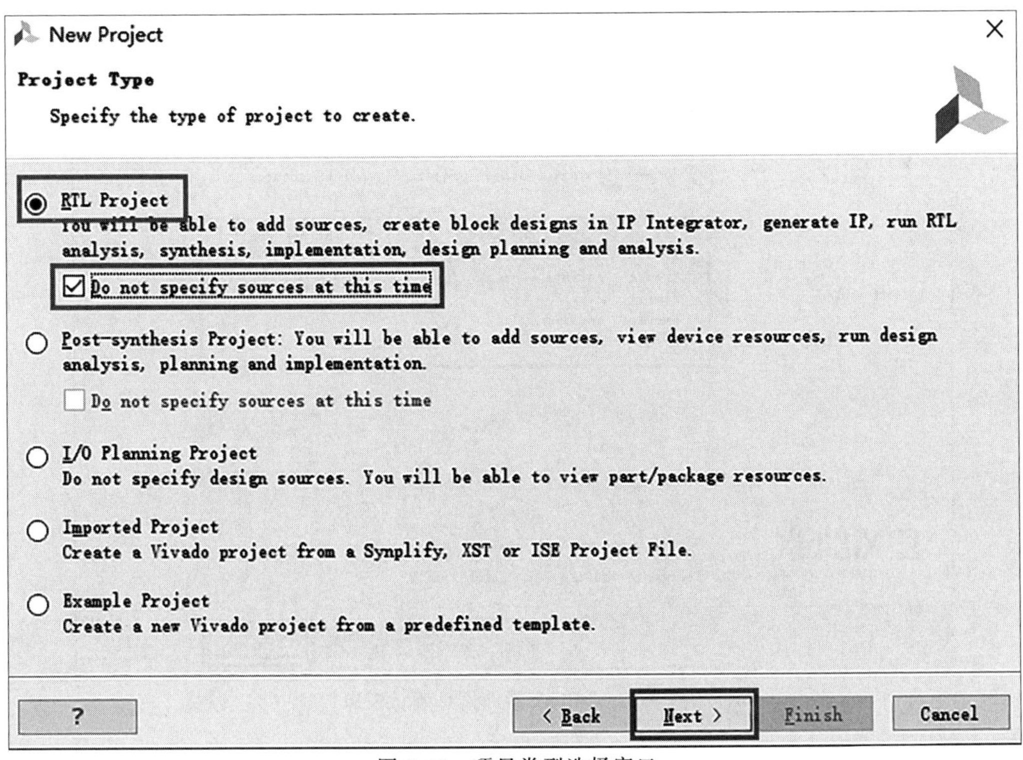

图 3-17　项目类型选择窗口

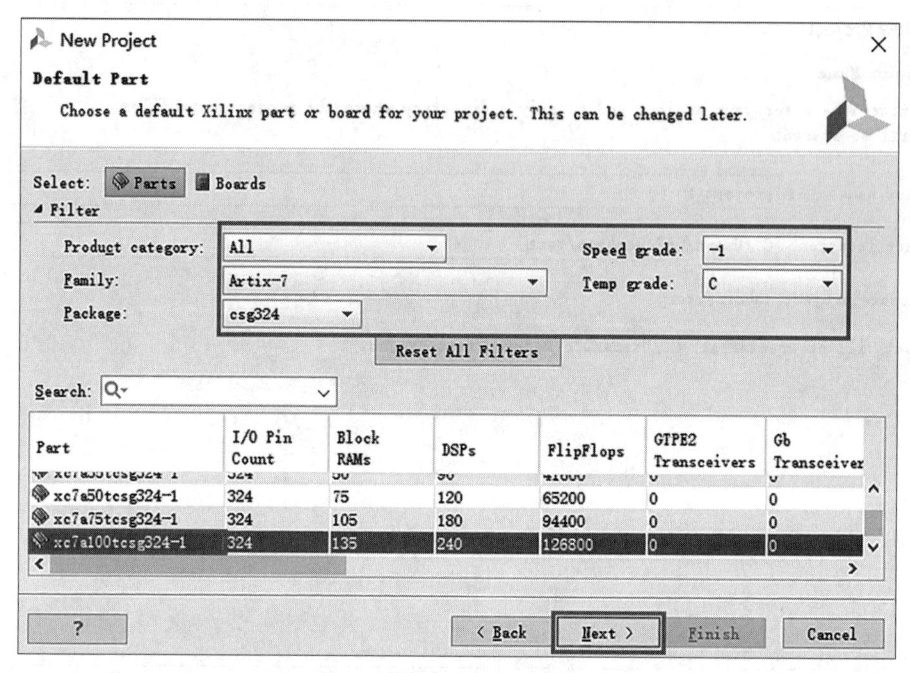

图 3-18　FPGA 目标器件选择窗口

（6）在弹出的图 3-19 所示界面中，确认相关信息与设计所用的 FPGA 器件信息是否一致，一致请单击“Finish”按钮，不一致，请返回上一步修改。

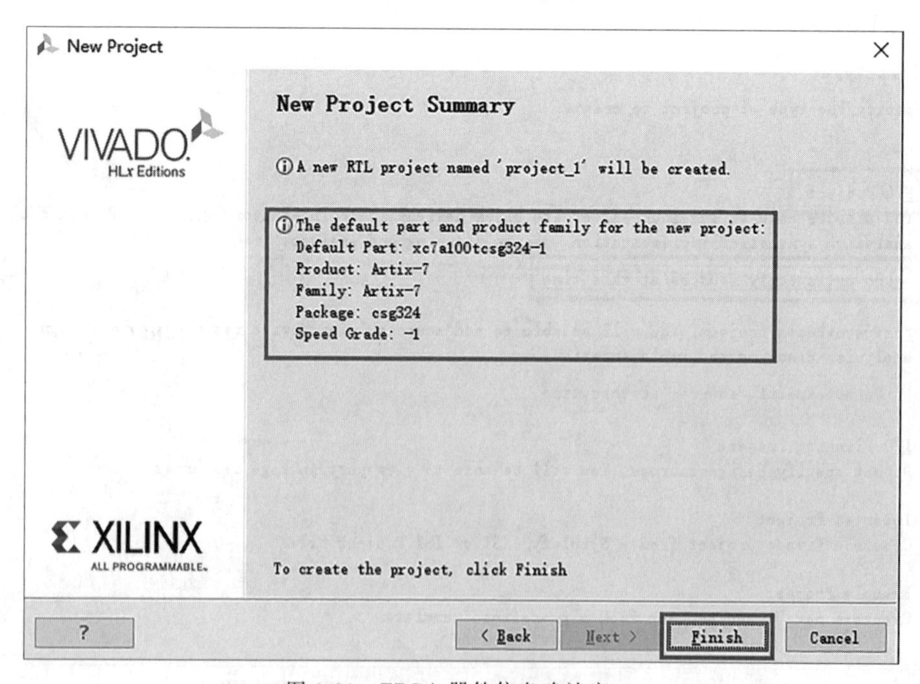

图 3-19　FPGA 器件信息确认窗口

（7）到如图 3-20 所示的空白 Vivado 工程界面，完成空白工程新建。

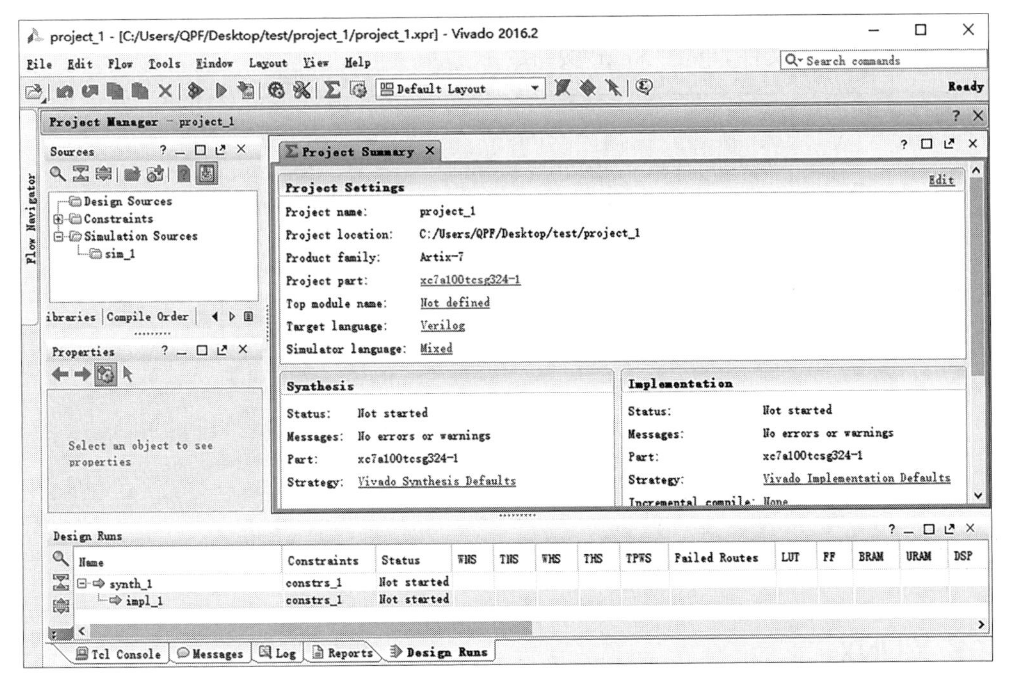

图 3-20 空白 Vivado 工程界面

3.2.3 设计文件的输入

(1) 如图 3-21 所示，单击 Flow Navigator 下的 Project Manager—>Add Sources 或中间 Sources 中的对话框打开设计文件导入添加对话框。

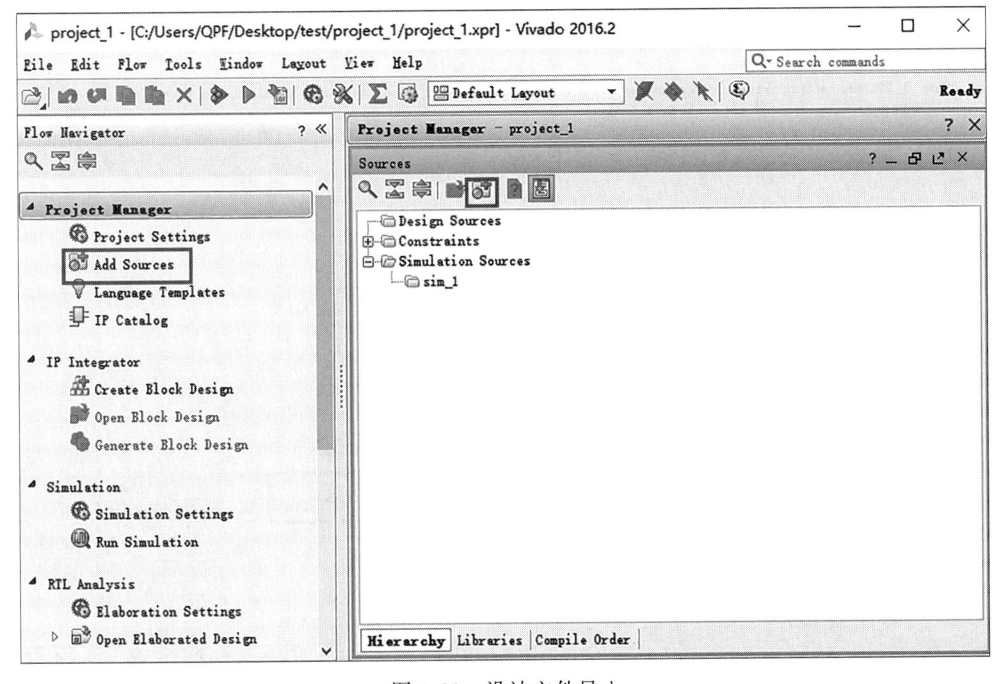

图 3-21 设计文件导入

(2) 在图 3-22 所示界面中,选择"Add or Create Design Sources"选项,用来添加或新建 Verilog 或 VHDL 源文件,单击"Next"按钮。

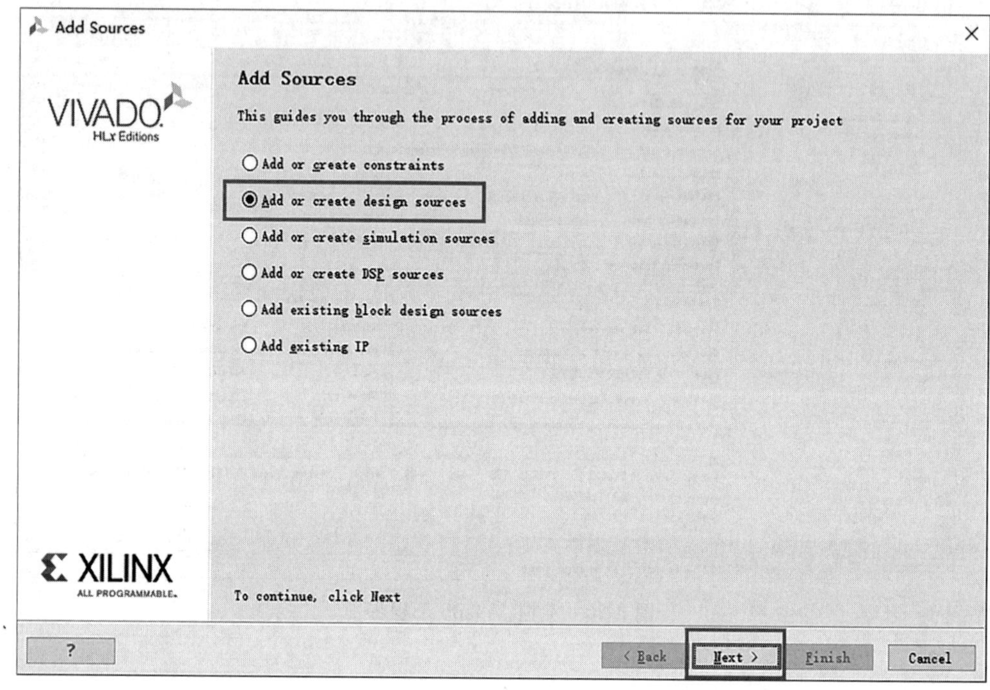

图 3-22 设计文件导入

(3) 如果有现有的.V/.VHD 文件,可以通过"Add Files"选项添加。在这里,我们要新建文件,所以选择"Create File"选项,如图 3-23 所示。

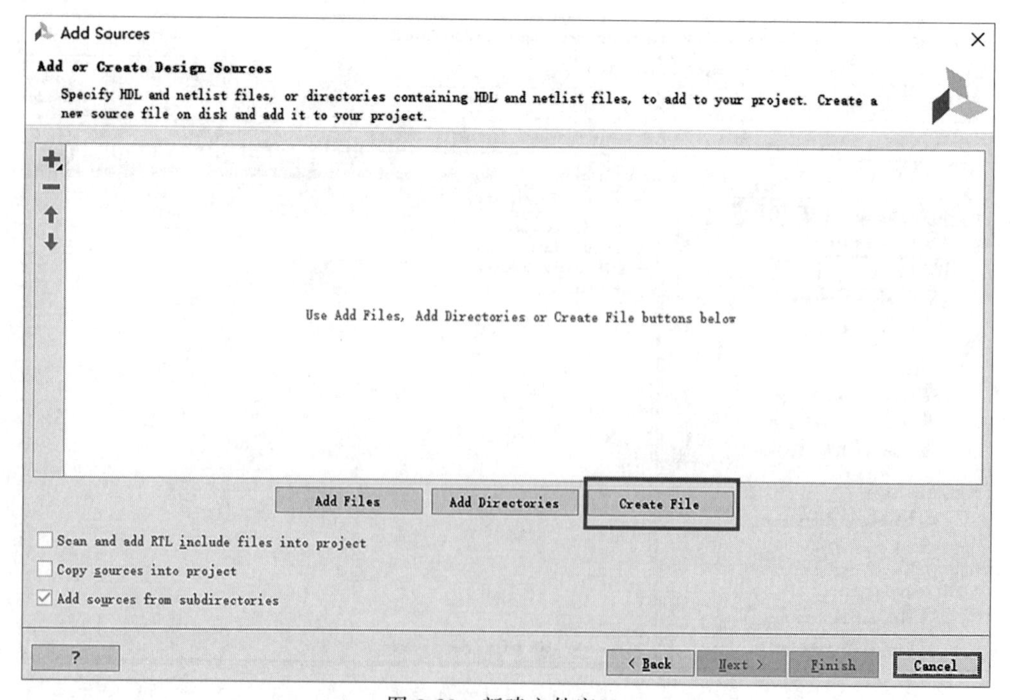

图 3-23 新建文件窗口

(4) 在 Create Source File 中输入 File Name,单击“OK”按钮,如图 3-24 所示。注意:名称中不可出现中文和空格。

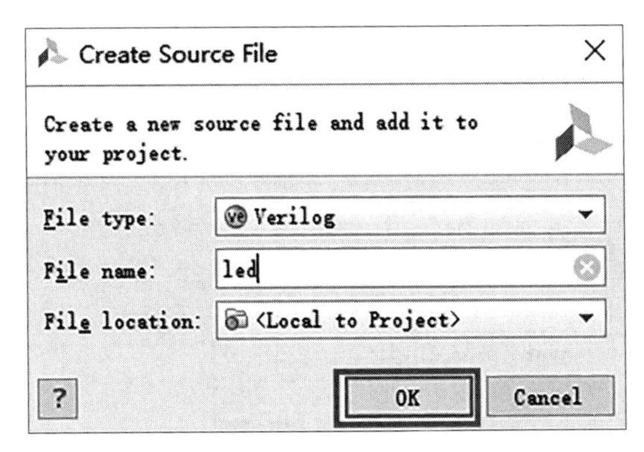

图 3-24　文件名录入窗口

(5) 在图 3-25 所示界面中,单击“Finish”按钮。

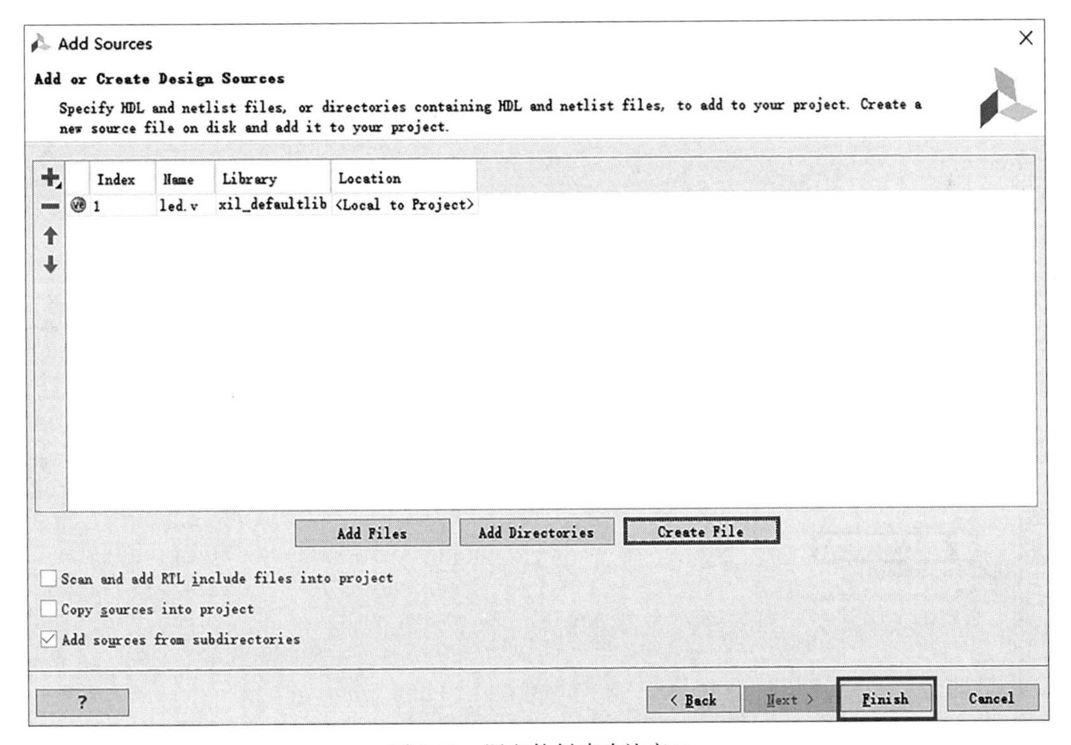

图 3-25　源文件创建确认窗口

(6) 在弹出的 Define Module 界面中 I/O Port Definition 区域,输入设计模块所需的端口,并设置端口方向,如果端口为总线型,勾选 Bus 选项,并通过 MSB 和 LSB 确定总线宽度,完成后单击“OK”按钮。界面如图 3-26 所示。注意:led 实际宽度与代码中一致,也可在代码中修改。

(7) 如图 3-27 所示,新建的设计文件(此处为 led.v)即存在于 Sources 中的 Design Sources 中。双击打开该文件,打开后界面如图 3-28 所示,输入程序 3.1 中的设计代码。

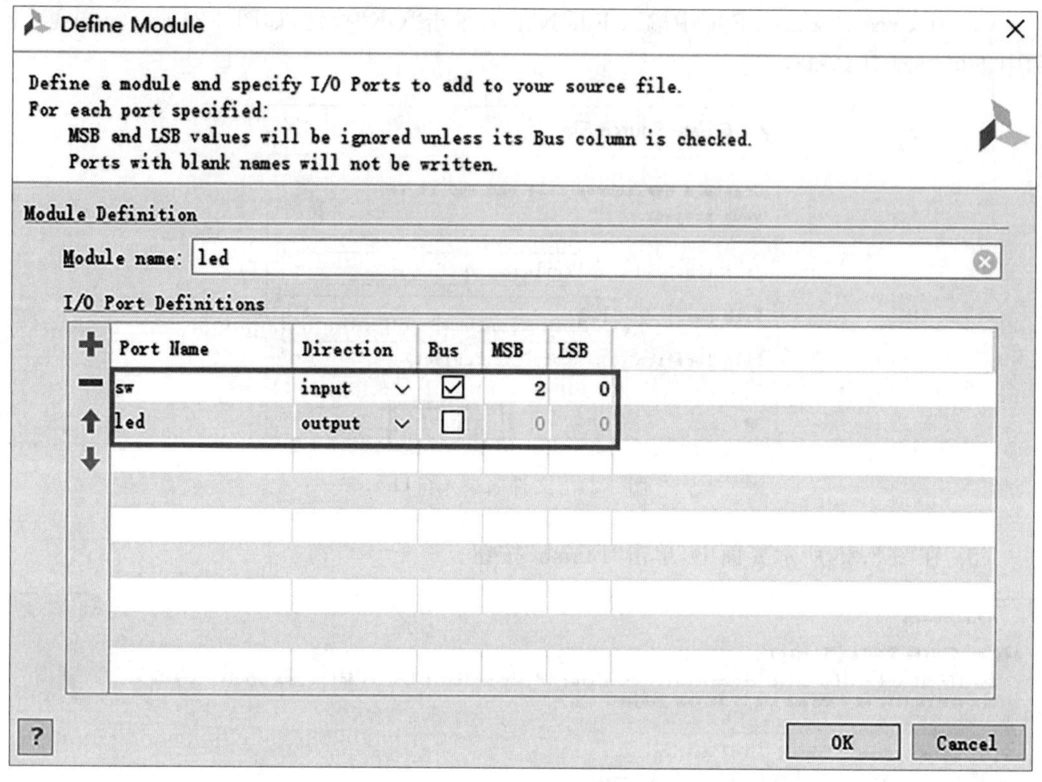

图 3-26　源文件创建确认窗口

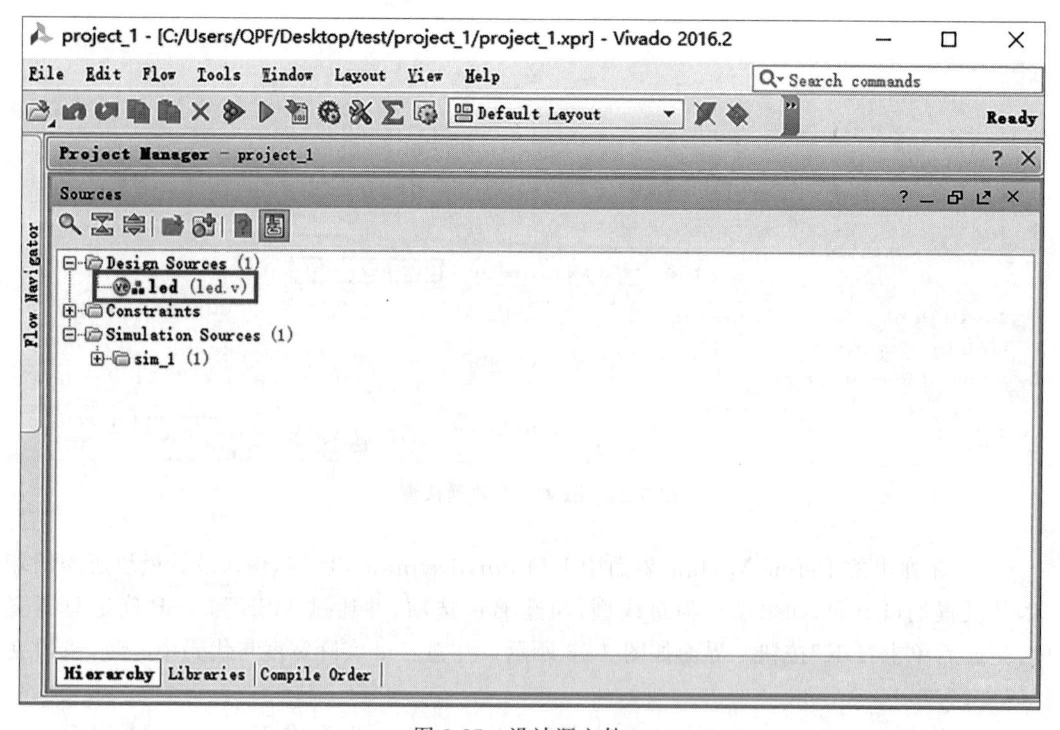

图 3-27　设计源文件 1

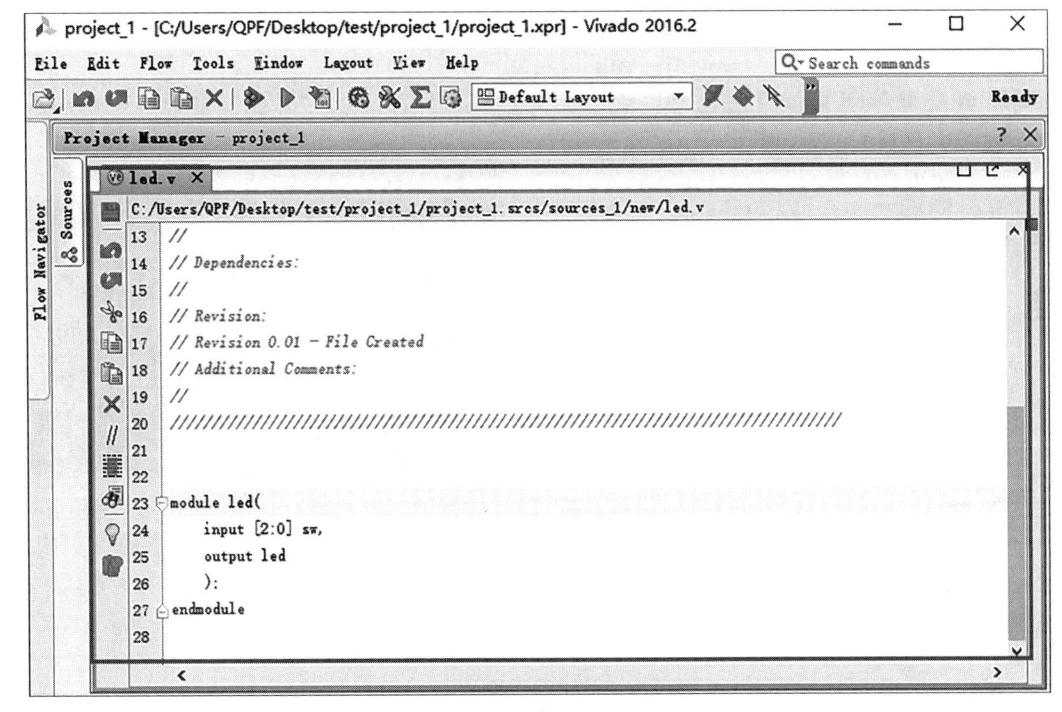

图 3-28 设计源文件 2

```
module led(
input[2:0]sw,
output led
    );
assign led = sw[2]&sw[1]&sw[0];
endmodule
```

程序 3.1 点亮 LED 灯实验代码

(8)添加约束文件,有两种方法可以添加约束文件,一是可利用 Vivado 中 IO planning 功能,二是可以直接新建 XDC 的约束文件,手动输入约束命令。

方法一:利用 IO planning。

① 如图 3-29 所示,单击 Flow Navigator 下的 Synthesis 中的 Run Synthesis,先对工程进行综合。综合完成之后,选择“Open Synthesized Design”选项,打开综合结果。

② 得到如图 3-30 所示界面,若未显示界面,在图示位置的 layout 中选择“IO planning”选项。

③ 在图 3-31 所示界面右下方的选项卡中切换到 I/O ports 一栏,并在对应的信号后,输入对

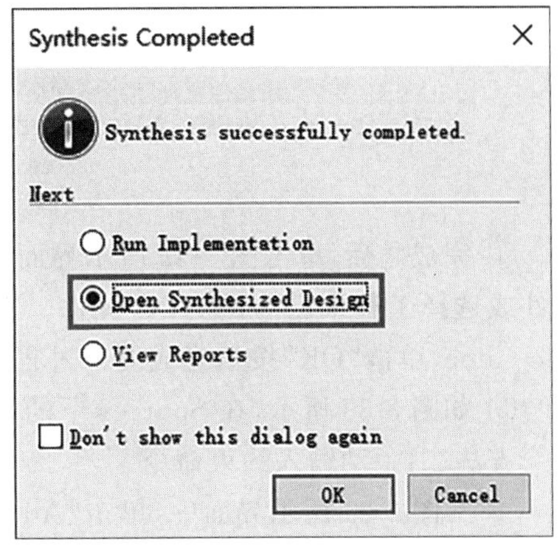

图 3-29 综合完成弹窗

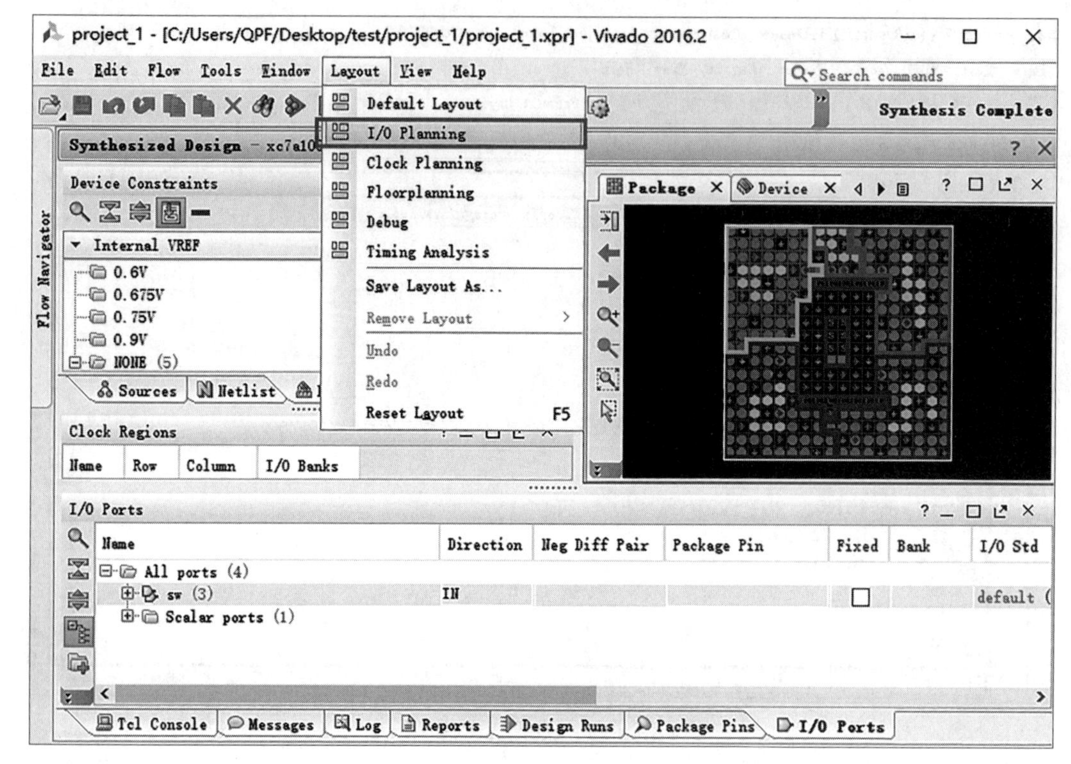

图 3-30　IO planning 项选择

应的 FPGA 引脚标号(或将信号拖拽到右上方 Package 图中对应的引脚上),并指定 I/O std。具体的 FPGA 约束引脚和 IO 电平标准,可参考对应板卡的用户手册或原理图)。

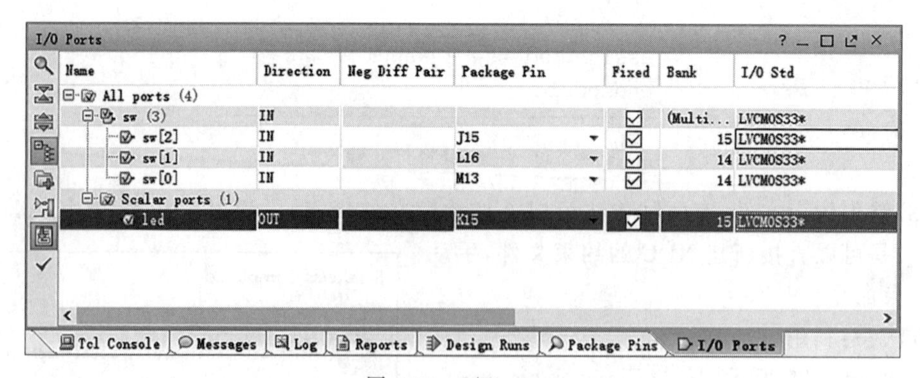

图 3-31　I/O ports

④ 完成之后,单击图 3-32 所示界面左上方工具栏中的“保存”按钮,工程提示新建 XDC 文件或选择工程中已有的 XDC 文件。在这里,我们要选择“Create a new file”选项,输入 File name,单击“OK”按钮完成约束过程。

⑤ 如图 3-33 所示,在 Sources 下的 Constraints 中会看到新建的 XDC 文件。

方法二:手动输入约束命令

① 在图 3-34 所示界面中,单击“Add Sources”,选择“Add or Create Constraints”选项,单击“Next”按钮。

Save Constraints

Select a target file to write new unsaved constraints to. Choosing an existing file will update that file with the new constraints.

Create a new file

File type: XDC

File name: top_xdc

File location: <Local to Project>

Select an existing file

<select a target file>

OK　Cancel

图 3-32　保存约束窗口

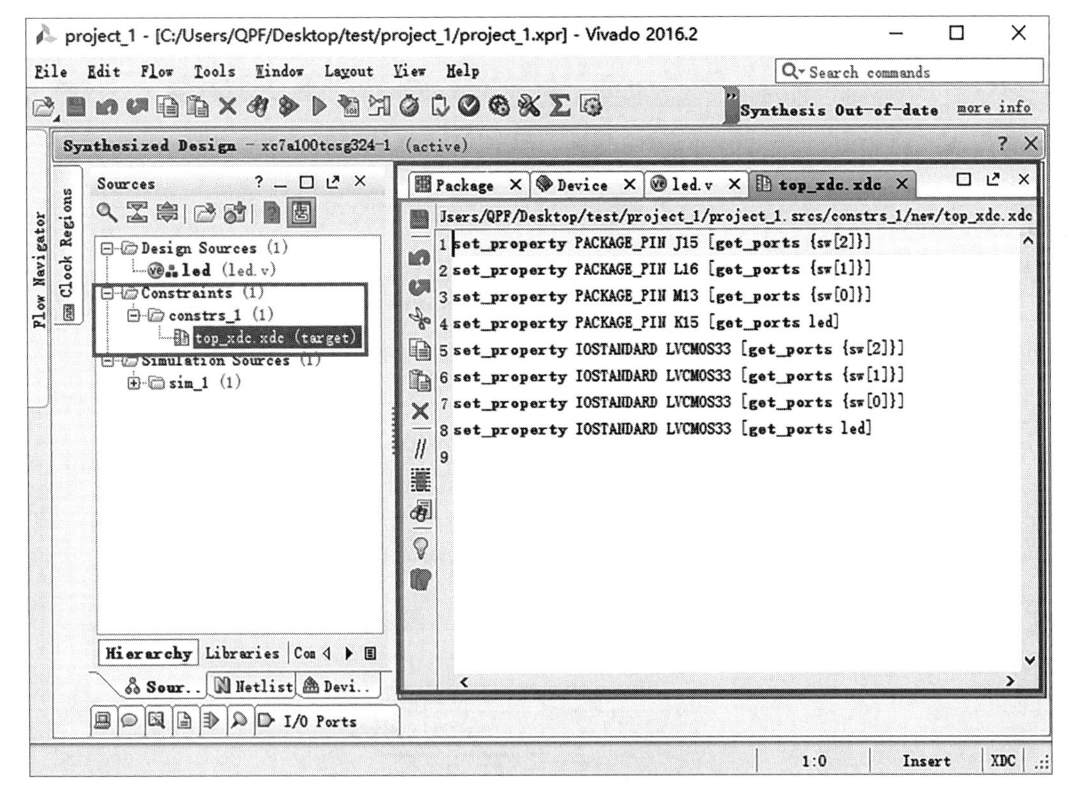

图 3-33　XDC 文件查看窗口

② 在图 3-35 所示界面中，单击“Create File”按钮，新建一个 XDC 文件，输入 XDC 文件名，单击“OK”按钮，单击“Finish”按钮。

③ 在图 3-36 所示界面中，双击打开新建好的 XDC 文件，并按照程序 3.2 所示规则，输入相应的 FPGA 引脚约束信息和电平标准。

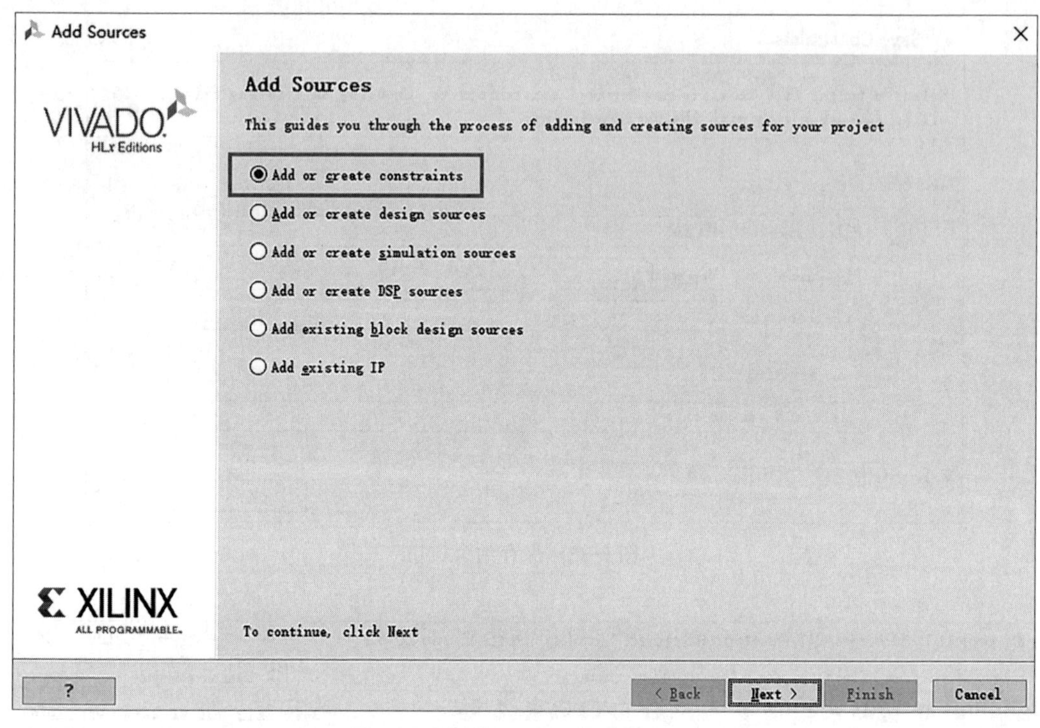

图 3-34 创建 XDC 文件选择窗口

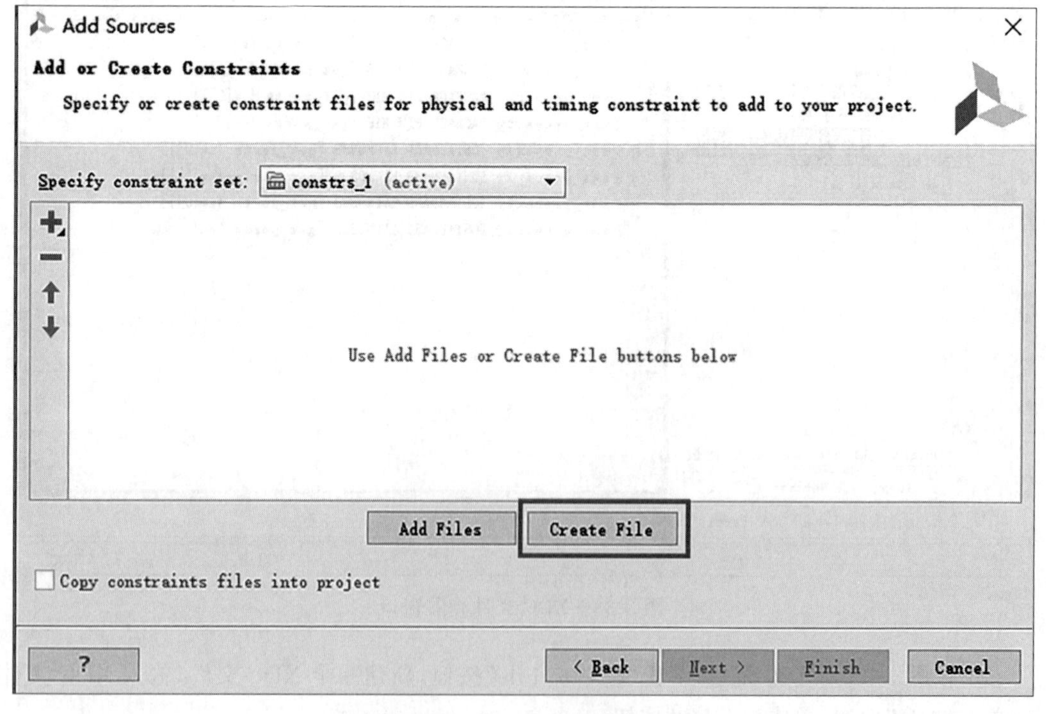

图 3-35 XDC 文件创建窗口

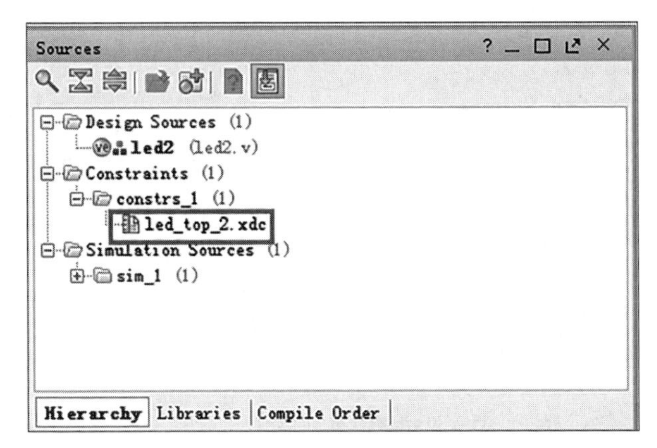

图 3-36　XDC 文件

```
set_property PACKAGE_PIN M13 [get_ports {sw[0]}]
set_property PACKAGE_PIN L16 [get_ports {sw[1]}]
set_property PACKAGB_PIN J15 [get_ports {sw[2]}]
set_property PACKAGE_PIN K15 [get_ports led]
set_property IOSTANDARD LVCMOS33 [get_ports led]
set_property IOSTANDARD LVCMOS33 [get_ports {sw[2]}]
set_property IOSTANDARD LVCMOS33 [get_ports {sw[1]}]
set_property IOSTANDARD LVCMOS33 [get_ports {sw[0]}]
```

程序 3.2　点亮 LED 灯实验引脚约束信息和电平标准

3.2.4　功能仿真

（1）创建激励测试文件，在 Source 中右键单击选择“Add Source”。

（2）如图 3-37 所示，在 Add Source 界面中选择“Add or Create Simulation Source”选项，单击“Next”按钮。

（3）如图 3-38 所示，选择 Create File 创建一个仿真激励文件。

（4）如图 3-39 所示，输入激励文件名称，单击“OK”按钮。

（5）如图 3-40 所示，确认添加完成之后单击“Finish”按钮，因为是激励文件不需要对外端口，所以直接 Port 部分直接空着，单击“OK”按钮。

（6）在 Source 下双击打开空白的激励测试文件，完成对将要仿真的 module 的实例化和激励代码的编写，本实验代码如程序 3.3 所示。

（7）进行仿真，在图 3-6 所示的 Vivado 流程处理主界面 Flow Navigator 中单击“Simulation”下的“Run Simulation”选项，并选择“Run Behavioral Simulation”选项，进入仿真界面，仿真界面如图 3-41 所示。

（8）在仿真界面可通过图 3-41 所示界面中 Scopes 一栏中的目录结构定位到设计者想要查看的 module 内部寄存器，在 Objects 栏中对应的信号名称上单击鼠标右键选择“Add To Wave Window”选项，将信号加入波形图中，如图 3-42 所示。

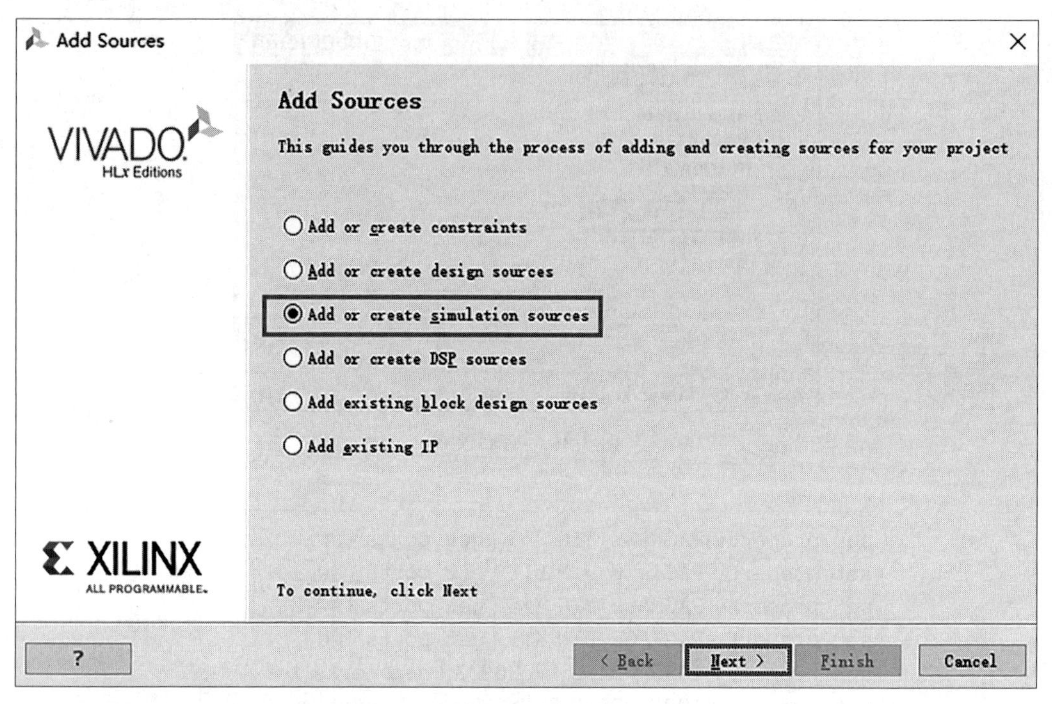

图 3-37 创建激励测试文件选择窗口

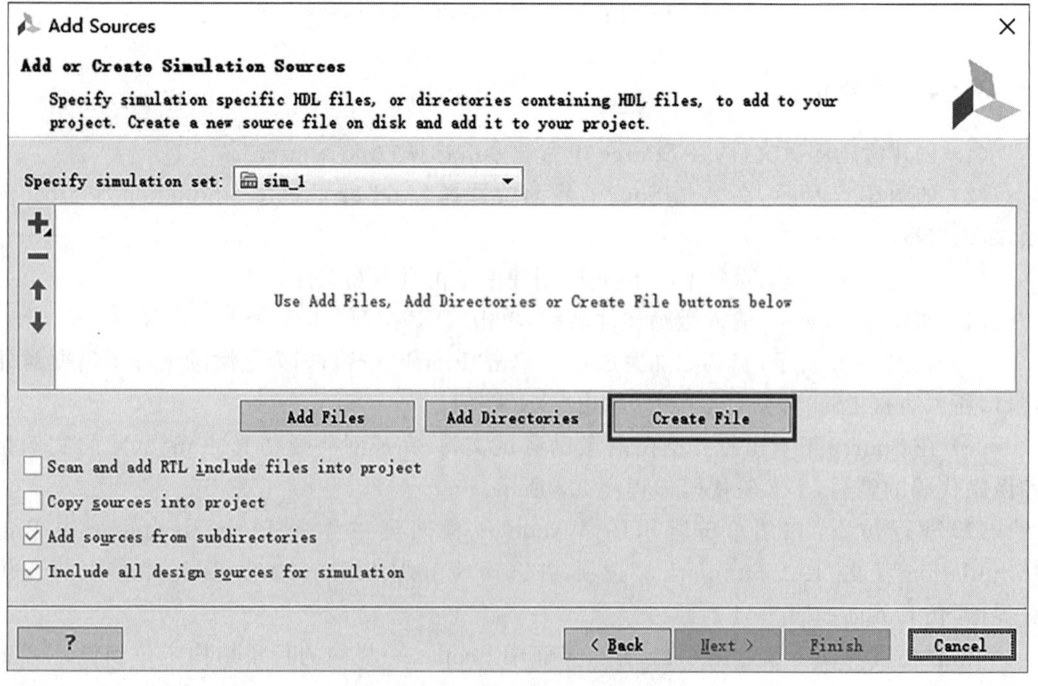

图 3-38 激励测试文件创建窗口

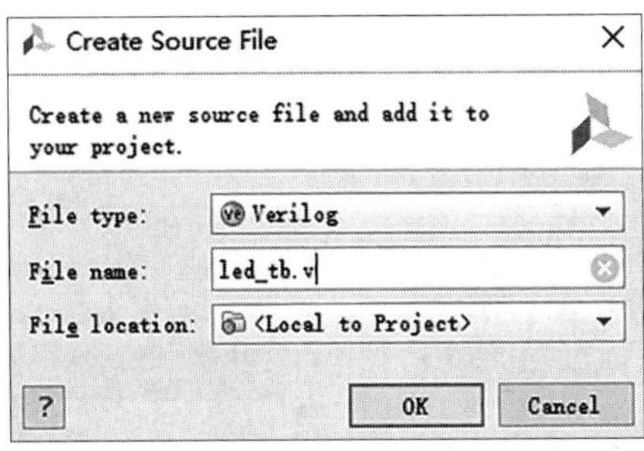

图 3-39　激励测试文件创建确认窗口

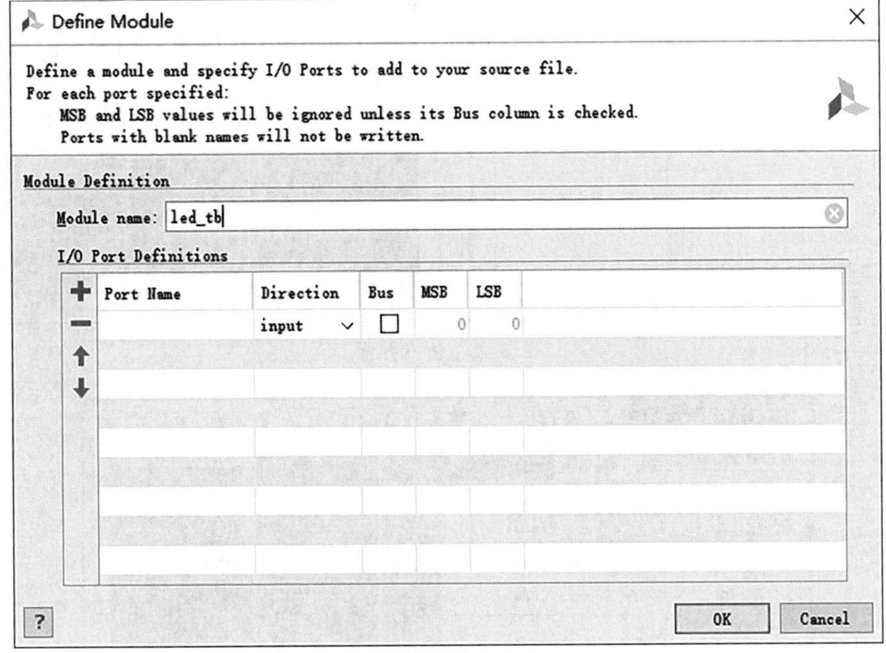

图 3-40　模块定义窗口

```
timescale 1ns/1ps
module led_tb();
reg [2:0]sw;
wire led;
led uut(sw,led);
initial

    begin
        #100;
        sw = 3'b000; #100;
        sw = 3'b001; #100;
        sw = 3'b010; #100;
        sw = 3'b011; #100;
        sw = 3'b100; #100;
        sw = 3'b101; #100;
        sw = 3'b110; #100;
        sw = 3'b111; #100;
    end
endmodule
```

程序 3.3　点亮 LED 灯激励测试代码

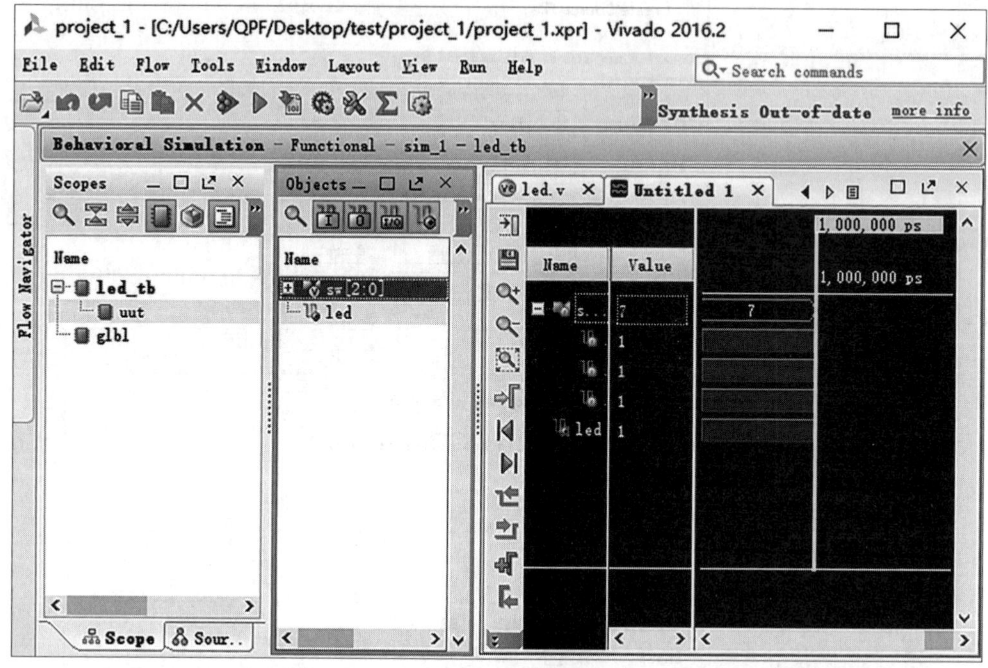

图 3-41　仿真界面

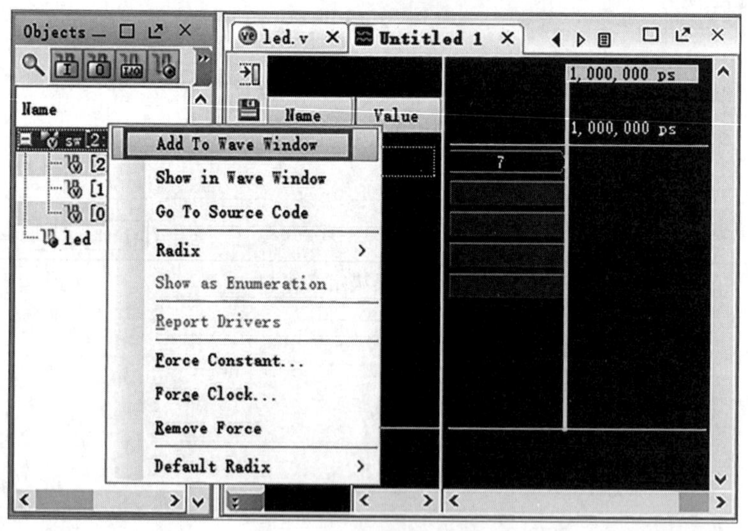

图 3-42　添加波形窗口

还可通过图 3-43 所示选择工具栏中圈出的选项来进行波形的仿真时间控制。圈出的工具条，分别是复位波形（即清空现有波形）、运行仿真、运行特定时长的仿真、仿真时长设置、仿真时长单位、单步运行、暂停等。

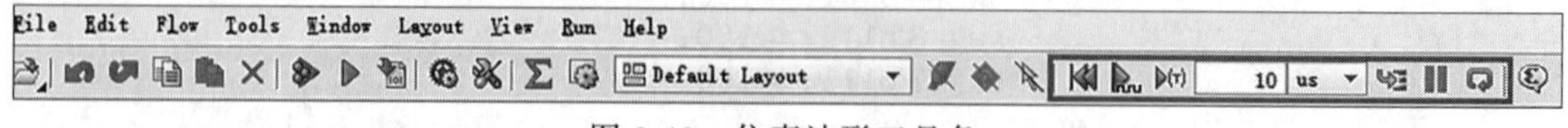

图 3-43　仿真波形工具条

(9)核对最终得到的仿真效果图波形与预设的逻辑功能是否一致，完成仿真。

3.2.5 设计综合

1）查看综合结果

在图 3-6 所示的 Vivado 流程处理主界面 Flow Navigator 窗口下找到“Synthesis”选项并展开。在图 3-44 所示的展开项中，选择“Run Synthesis”选项，对项目执行设计综合，在完成综合后得到图 3-45 所示对话框。如果不需要打开综合后的设计进行查看，选择“Run Implementation”选项，直接进入设计实现步骤。如果需要查看综合后的设计，首先选择“Open Synthesized Design”选项，单击“OK”按钮。

完成上述过程后，可以展开 Flow Navigator 窗口中的“Synthesized Design”选项，如图 3-44 所示。

综合完成弹窗如图 3-45 所示。

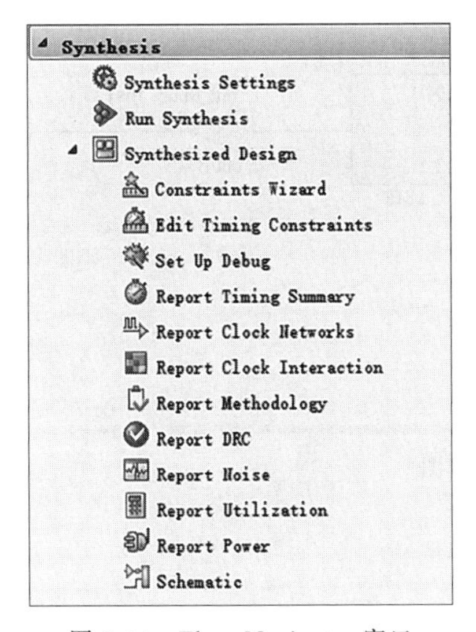

图 3-44 Flow Navigator 窗口

图 3-45 综合完成弹窗

2）Flow Navigator 窗口中包含如下功能：

(1) Constraints Wizard(约束向导)。

(2) Edit Timing Constraints(编辑时序约束)：该选项用于启动时序约束标签。

(3) Set Up Debug(设置调试)：该选项用于启动设计调试向导，然后根据设计要求添加或删除需要观测的网络节点。

(4) Report Timing Summary(时序总结报告)：该选项用于生成一个默认的时序报告。

(5) Report Clock Networks(时钟网络报告)：该选项用于创建一个时钟网络报告。

(6) Report Clock Interaction(时钟相互作用报告)：该选项用于在时钟域之间，验证路径上的约束收敛。

(7) Report RDC(RDC 报告)：该选项用于对整个设计执行设计规则检查。

(8) Report Noise(噪声报告)：该选项针对当前的封装和引脚分配，生成同步开关噪声分析报告。

(9) Report Utilization(利用率报告)：该选项用于创建一个资源利用率报告。

(10) Report Power(报告功耗):该选项用于生成一个详细的功耗分析报告。

(11) Schematic(原理图):该选项用于打开原理图界面。

选择 Schematic 打开综合后的原理图如图 3-46 所示。经过综合后的设计项目,不仅进行了逻辑优化,而且将 RTL 级推演的网表文件映射到 FPGA 器件的原语,生成新的、综合的网表文件。

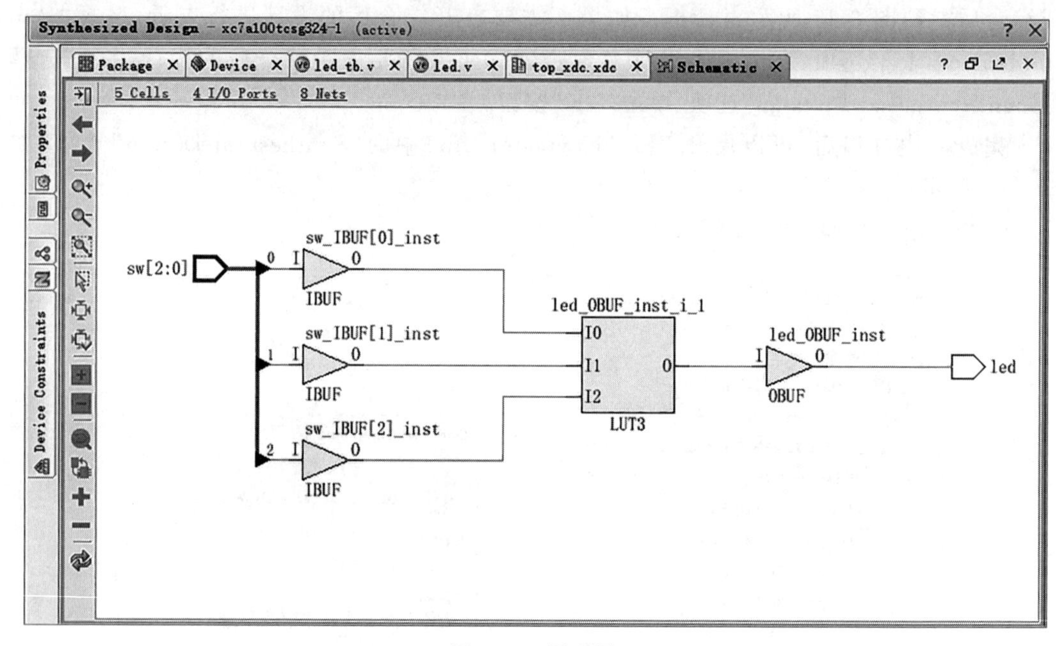

图 3-46 原理图

3.2.6 工程实现

(1) 在图 3-6 所示的 Vivado 流程处理主界面 Flow Navigator 中单击 Program and Debug 下的“Generate Bitstream”选项,工程会自动完成综合、实现、Bit 文件生成过程,完成之后,弹出图 3-47 所示界面,选择“Open Implemented Design”选项来查看工程实现结果。

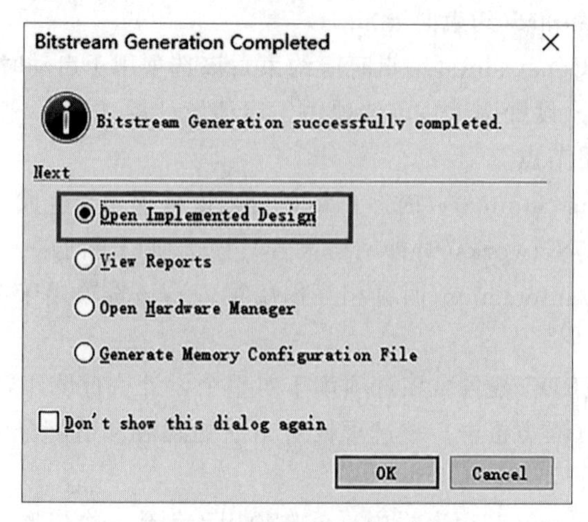

图 3-47 工程实现完成弹窗

(2) 单击 Flow Navigator 中“Open Hardware Manager”选项，进入硬件编程管理界面。

(3) 在提示的信息中，选择“Open Hardware Manager”选项(或在 Flow Navigator 中展开 Hardware Manager，单击 Open Target)。在图 3-48 所示界面中选择 Auto Connect 连接到板卡。

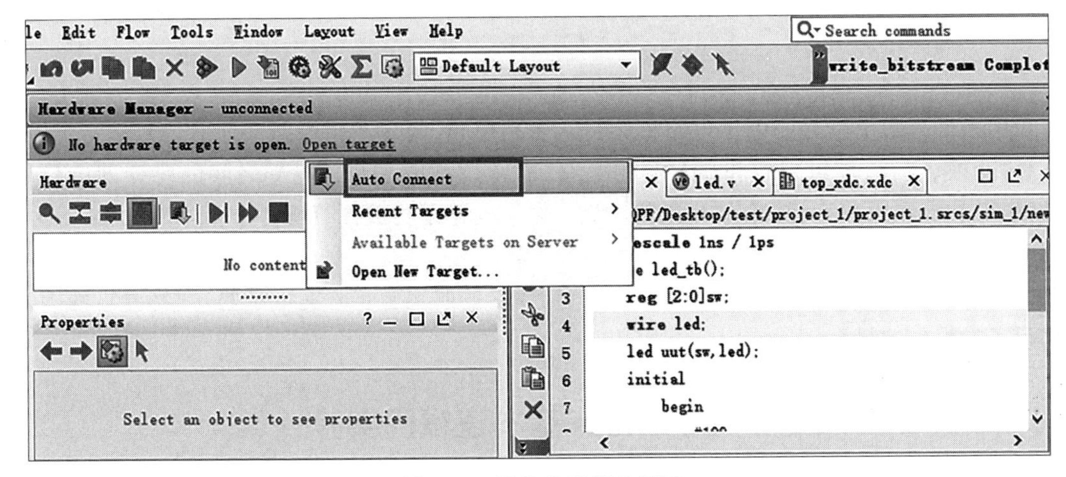

图 3-48 硬件编程管理界面

(4) 如图 3-49 所示，连接成功后，在目标芯片上单击鼠标右键，选择“Program Device”。在弹出的对话框中“Bitstream File”一栏已经自动加载本工程生成的比特流文件，单击“Program”按钮对 FPGA 芯片进行编程。

(5) 下载完成后，在板子上观察实验结果。拨动最右边的三个开关同时向上，右起第二个 LED 灯会亮起(根据你自己的引脚选择)，实验成功。

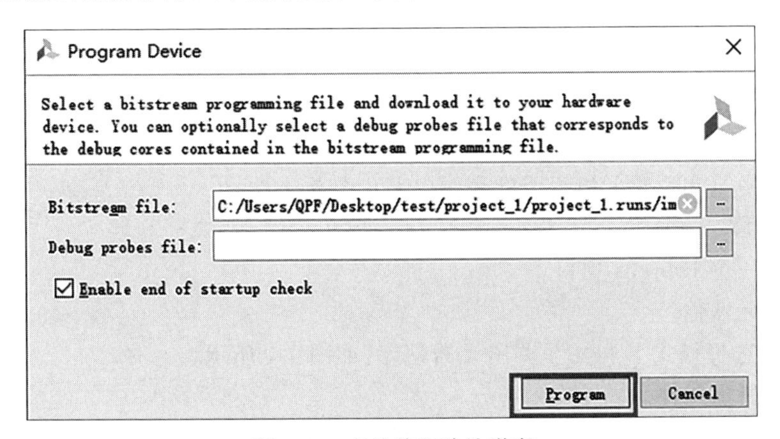

图 3-49 芯片编程确认弹窗

第 4 章　数字逻辑电路实验

用来处理数字信号的电子电路称为数字逻辑电路,简称逻辑电路。即对信号进行传输、计算、变换、寄存、逻辑判断和显示等的电路,通常用高电平与低电平之间的跳变即电位型(电位高、低)和脉冲型(脉冲有、无)来表示。数字电路是构成计算机各个基本部件如 ALU、CPU、内存的基础。

本章主要包括数字逻辑电路实验的内容,要求按照实验步骤完成实验,并将要求的图片放到实验报告的最后。

4.1　Proteus 基本逻辑门实验

1. 实验目的

(1) 熟悉 Protues 仿真软件的使用。

(2) 掌握与非门、异或门等门电路输入与输出之间的逻辑关系。

(3) 掌握由基本逻辑门所组成的逻辑电路的分析方法。

2. 实验内容

(1) 测试 74LS00 逻辑关系、填写真值表。

(2) 用 74LS00 组成一个与门。

(3) 测试 74LS86 逻辑关系、填写真值表。

3. 实验要求

(1) 使用 Proteus 仿真软件完成实验内容。

(2) 掌握由基本逻辑门所组成的逻辑电路的分析方法。

4. 实验步骤

(1) 创建一个 Proteus 项目。

(2) 添加元器件。

在元器件选择模式下点“P”,调出元器件库,如图 4-1 所示。

(3) 找到所需元件。

如图 4-2 所示,搜索找到所需元件。常用元器件搜索关键词:74LS00、logicstate(输入)、logicprobe(输出)。

(4) 搭建电路。

选中元器件然后放在电路图合适位置,并且连线。测试 74LS00 逻辑关系、记录测试结果。将 74LS00、两个 logicstate、一个 logicprobe 放在如图 4-3 所示电路图合适位置,并且连线、运行。

完成实验测试并填写表 4-1。

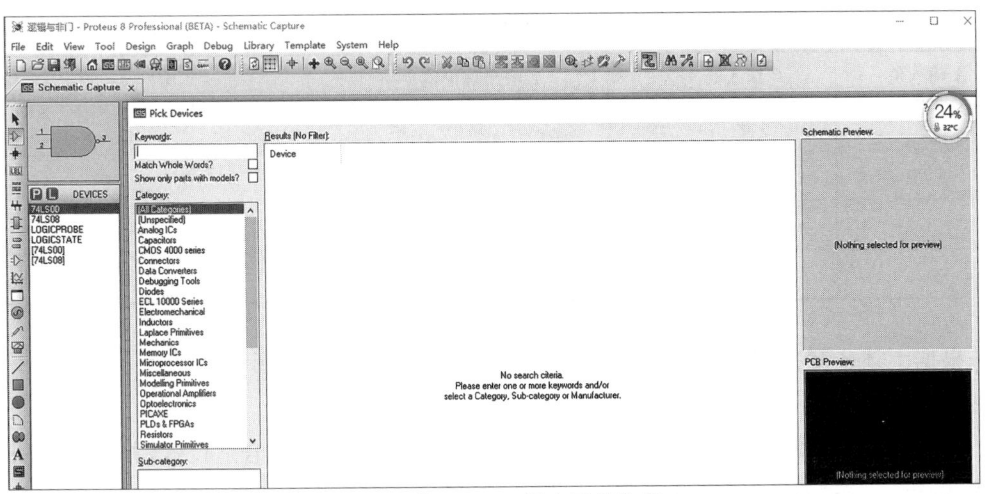

图 4-1　从 Proteus 调出元器件库

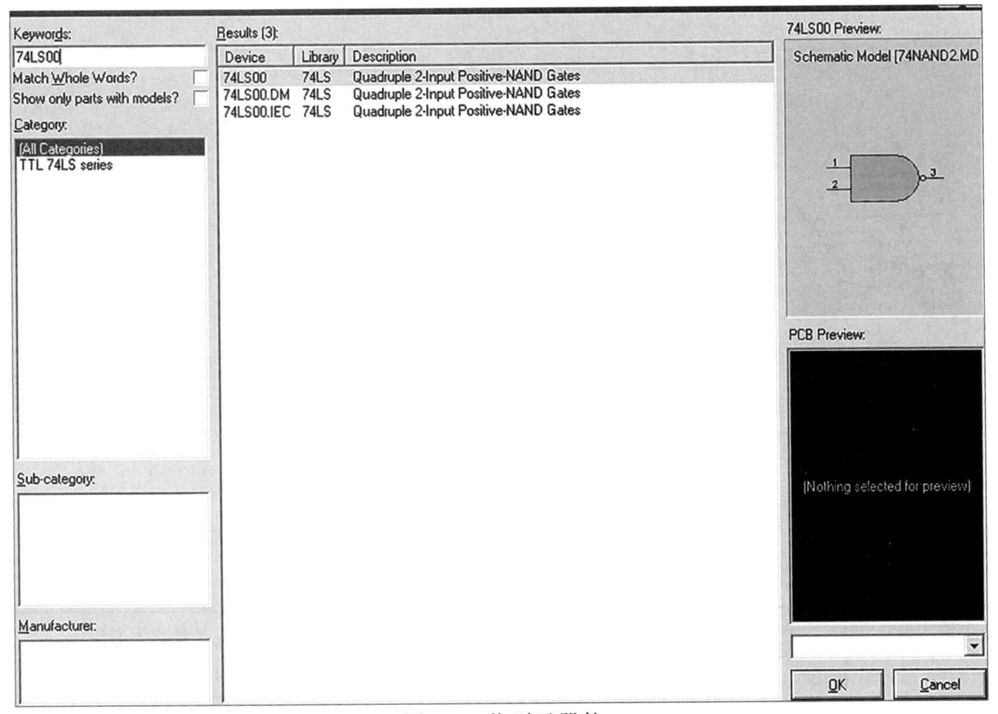

图 4-2　找到元器件

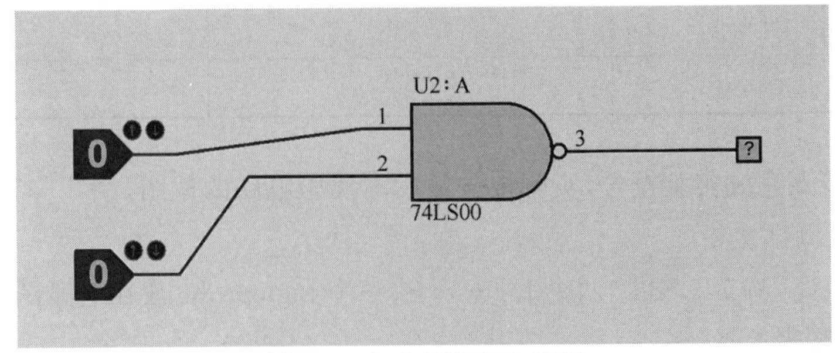

图 4-3　与非门逻辑电路图

表 4-1　与非门测试真值表

A 输入值	B 输入值	Y 输出理论值	Y 输出实验值
0	0	1	
0	1	1	
1	0	1	
1	1	0	

根据上述步骤完成实验报告，实验报告最后附实验电路的截图。

(5) 组成与门。

将两个 74LS00、两个 logicstate、一个 logicprobe 放在电路图合适位置，并且按照图 4-4 连线、运行。填写表 4-2。自己查找一下资料，了解 74LS08 是什么器件。

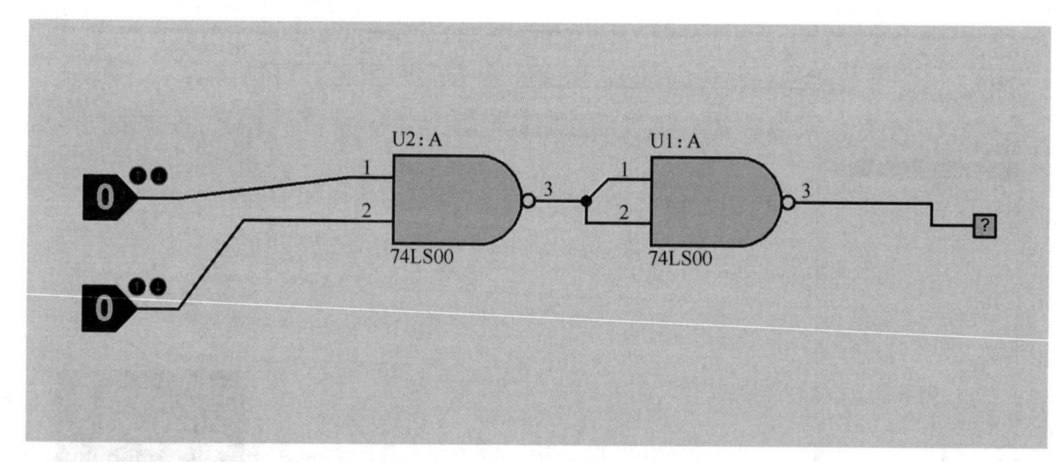

图 4-4　与门逻辑电路图

完成实验测试并填写表 4-2。

表 4-2　与门测试真值表

A 输入值	B 输入值	Y 输出理论值	Y 输出实验值
0	0	1	
0	1	1	
1	0	1	
1	1	0	

根据上述步骤完成实验报告，实验报告最后附实验电路的截图。

(6) 异或门测试。

自己设计电路，将 74LS86、两个 logicstate、一个 logicprobe 放在电路图合适位置，并且连线，运行并填写表 4-3。

表 4-3　异或门测试真值表

A 输入值	B 输入值	Y 输出理论值	Y 输出实验值
0	0	0	
0	1	1	
1	0	1	
1	1	0	

根据上述步骤完成实验报告，实验报告最后附实验电路的截图。

4.1 实验

4.2　Proteus 半加器、D 触发器实验

1. 实验目的

(1) 熟悉 Protues 仿真软件的使用；

(2) 掌握半加器、D 触发器的输入与输出之间的逻辑关系；

(3) 掌握由基本逻辑门所组成的逻辑电路的分析方法。

2. 实验内容

1) 设计一个半加器

半加器定义：半加器是能实现两个 1 位二进制数的算术加法及向高位进位，而不考虑低位进位的逻辑电路。它有两个输入端，两个输出端。半加器用异或门及与门来实现。

两个 1 位二进制半加器的运算类似于 10 进制运算，区别是二进制半加器是逢 2 向高位进 1，10 进制是逢 10 向高位进 1。2 个 1 位二进制半加器的运算法则为 0+0=0；1+0=1；0+1=1；1+1=0，同时向高位进 1。

2) 设计 D 触发器测试电路

D 触发器是简单的时序逻辑触发器，其逻辑函数为：$Q_{n+1}=D$，其中，D 为输入端，Q_{n+1} 代表次态。

3. 实验要求

(1) 使用 Proteus 仿真软件完成实验内容；

(2) 掌握由基本逻辑门所组成的逻辑电路的分析方法。

4. 实验步骤

(1) 请写出半加器真值表；

(2) 得出半加器逻辑表达式；

(3) 按照逻辑表达式用 Protues 按照图 4-5 设计出半加器逻辑电路、进行验证并填写表 4-4。

表 4-4　半加器测试真值表

加数 A	加数 B	和 S(理论值)	和 S(实际值)	进位 C(理论值)	进位 C(实际值)
0	0	0		0	
0	1	1		0	
1	0	1		0	
1	1	0		1	

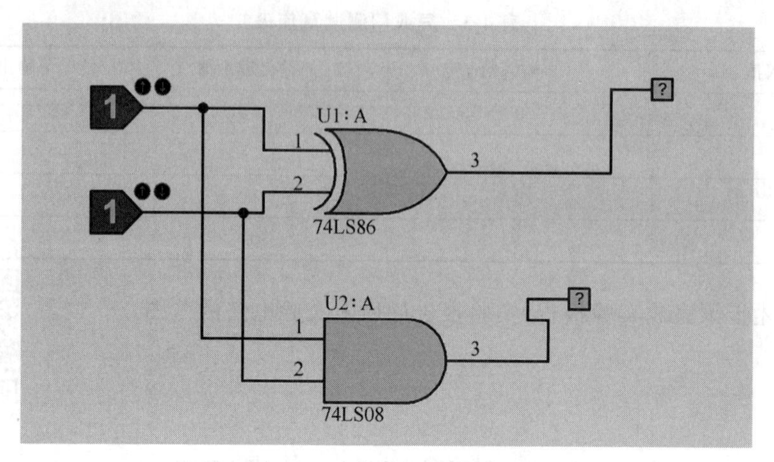

图 4-5　半加器逻辑电路图

根据上述步骤完成实验报告,实验报告最后附实验电路的截图。

(4) D触发器(74LS171)测试。

自行设计D触发器的实验电路,进行仿真测试,并完成如表4-5所示真值表的填写。

表4-5　D触发器测试真值表

D0	D1	D2	D3	Q0	Q1	Q2	Q3
0	0	0	0				
0	0	0	1				
0	0	1	0				
0	0	1	1				
0	1	0	0				
0	1	0	1				
0	1	1	0				
0	1	1	1				
1	0	0	0				
1	0	0	1				
1	0	1	0				
1	0	1	1				
1	1	0	0				
1	1	0	1				
1	1	1	0				
1	1	1	1				

注意:MR=1和MR=0对上述结果的影响。

根据上述步骤完成实验报告,实验报告最后附实验电路的截图。

4.2 实验

4.3 三输入与门实验

1. 实验目的

(1) 熟悉 Vivado 编译环境;

(2) 了解在 Vivado 环境下运用 Verilog HDL 语言的编程开发流程,包括源程序的输入、编译、模拟仿真及程序下载;

(3) 掌握使用 Vivado、FPGA 开发板实验的基本流程。

2. 实验内容

(1) 设计三输入与门的 Verilog HDL 设计文件、约束文件、仿真激励文件;

(2) 掌握 Vivado 编译环境的使用;

(3) 理解并掌握 Verilog HDL 语言的编程开发流程。

3. 实验要求

(1) 在 Vivado 环境下完成对电路工作情况的仿真模拟;

(2) 完成实验程序的下载,并在实验板上对程序进行最终验证。

4. 实验步骤

1) 新建工程

(1)打开 Vivado 开发工具;

(2)单击 Create New Project;

(3)输入工程名,选择工程存储路径;

(4)选择 RTL Project 项,并勾选 Do not specify sources at this time;

(5)根据使用的 FPGA 开发平台,选择对应的 FPGA 目标器件;

(6)确认相关信息与设计所用的 FPGA 器件信息是否一致,一致请单击"Finish"按钮,否则返回上一级修改。

2) 设计文件的输入

(1) 选择"Project Mananger"->"add Sources"选项。

(2) 选择"add or create design sources"选项。

(3) 单击"Create File"。

(4) 在 Create Source File 对话框中输入 File Name,单击"OK"按钮,单击"Finish"按钮,单击"OK"按钮。

(5) 新建的设计文件即存在于 Sources 下的 Design Sources 中。双击打开该文件,打开后输入该文件的设计代码。如果有多个设计文件则需要多次新建、输入。如果有现有的源设计文件,则可通过"Add Files"按钮添加。

(6) 添加约束文件。单击 Project Mananger -> add Sources,选择"Add or Create Constraints"选项,单击"Next"按钮。

(7) 在当前界面中,单击 Create File,新建一个 XDC 文件,输入 XDC 文件名,单击"OK"按钮,单击"Finish"按钮,单击"OK"按钮。

(8) 在当前界面中,双击打开新建好的 XDC 文件,输入相应的 FPGA 引脚约束信息和电平标准代码。如果已有源 XDC 文件,则可通过 Add Files 按钮添加。

3）功能仿真

（1）选择“Project Mananger”—>“add Sources”选项。

（2）选择“add or create simulation sources”选项。

（3）在当前界面中，选择 Create File 创建一个仿真激励文件。

（4）在当前界面中，输入激励文件名称，单击“OK”按钮，单击“Finish”按钮，单击“OK”按钮。

（5）在 Source 下双击打开空白的激励测试文件，完成对将要仿真的 module 的实例化和激励代码的编写。如果已有源激励文件，则可通过“Add Files”按钮添加。

（6）进行仿真，在 Vivado 流程处理主界面 Flow Navigator 中单击 Simulation 下的“Run Simulation”选项，并选择“Run Behavioral Simulation”选项。

（7）生成仿真结果波形图（需要截屏图片）。

注：在输入设计文件、激励文件和约束文件的过程中，如果在 Messages 窗口出现错误信息，则需要按照 Verilog HDL 语法进行改正，直到没有错误信息为止。

4）设计综合

（1）找到 Synthesis 选项并展开，选择“Run Synthesis”选项。

（2）选择“Run Implementation（运行设计实现）”选项。

（3）展开“Synthesized Design”选项。

（4）单击“Schematic”，打开综合原理图（需要截屏图片）。

5）工程实现（进行第 5 步之前请接好 FPGA 实验板）

（1）选择“Project and Debugr”—>“Generate Bitstream”选项。

（2）选择 Flow Navigator 中“Open Hardware Manager”选项，进入硬件编程管理界面。

（3）在提示的信息中，选择“Open Hardware Manager”选项，选择“Auto Connect”选项连接到板卡。

（4）连接成功后，在目标芯片上右键单击，选择“Program Device”选项。在弹出的对话框中“Bitstream File”一栏已经自动加载本工程生成的比特流文件，单击“Program”对 FPGA 芯片进行编程。

（5）下载完成后，在板子上观察实验结果。

扳动最右侧的 3 个开关同时向上，右起第 2 个 LED 灯亮起，表示实验成功（需要最终结果的拍照图片）。

根据上述步骤完成实验报告，将实验步骤中要求的图片附加到实验报告的最后。

4.3 实验

5. 实验参考程序

1）设计文件

```
timescale 1ns/1ps      //编译器指令 timescale 将模块中所有时延的单位设置为 1 ns,
                         时间精度为 1 ps
module led(
    input [2:0]sw,
    output led
    );
```

```
    assign led = sw[2]&sw[1]&sw[0];
endmodule
```

2）约束文件

```
set_property IOSTANDARD LVCMOS33 [get_ports {sw[2]}]
set_property IOSTANDARD LVCMOS33 [get_ports {sw[1]}]
set_property IOSTANDARD LVCMOS33 [get_ports {sw[0]}]
set_property PACKAGE_PIN J15 [get_ports {sw[2]}]
set_property PACKAGE_PIN L16 [get_ports {sw[1]}]
set_property PACKAGE_PIN M13 [get_ports {sw[0]}]
set_property IOSTANDARD LVCMOS33 [get_ports led]
set_property PACKAGE_PIN K15 [get_ports led]
```

3）仿真激励文件

```
'timescale 1ns/1ps
moduleled_tb( );
  reg [2:0]sw;
  wire led;
  leduut(sw,led);
  initial
  begin
  #100;
  sw = 3'b000;#100;
  sw = 3'b001;#100;
  sw = 3'b010;#100;
  sw = 3'b011;#100;
  sw = 3'b100;#100;
  sw = 3'b101;#100;
  sw = 3'b110;#100;
  sw = 3'b111;#100;
  end
endmodule
```

4.4　FPGA 基本与或非门实验

1. 实验目的

（1）熟悉 Vivado 编译环境；

（2）了解在 Vivado 环境下运用 Verilog HDL 语言的编程开发流程，包括源程序的输入、编译、模拟仿真及程序下载；

（3）掌握使用 Vivado、FPGA 开发板实验的基本流程。

2. 实验内容

(1) 设计与、或、非门的 Verilog HDL 设计文件、约束文件、仿真激励文件；

(2) 掌握 Vivado 编译环境的使用；

(3) 理解并掌握 Verilog HDL 语言的编程开发流程。

3. 实验要求

(1) 在 Vivado 环境下完成对电路工作情况的仿真模拟；

(2) 完成实验程序的下载，并在实验板上对程序进行最终验证。

4. 实验步骤

1) 新建工程

(1) 打开 Vivado 开发工具。

(2) 单击 Create New Project。

(3) 输入工程名，选择工程存储路径。

(4) 选择“RTL Project”选项，并勾选“Do not specify sources at this time”选项。

(5) 根据使用的 FPGA 开发平台，选择对应的 FPGA 目标器件。

(6) 确认相关信息与设计所用的 FPGA 器件信息是否一致，一致请单击“Finish”按钮，否则返回上一级修改。

2) 设计文件的输入

(1) 选择“Project Mananger”->“add Sources”选项。

(2) 选择“add or create design sources”选项。

(3) 单击“Create File”。

(4) 在“Create Source File”对话框中输入 File Name，单击“OK”按钮，单击“Finish”按钮，单击“OK”按钮。

(5) 新建的设计文件即存在于 Sources 中的 Design Sources 中。双击打开该文件，打开后输入该文件的设计代码。如果有多个设计文件则需要多次新建、输入。如果有现有的源设计文件，则可通过 Add Files 按钮添加。

(6) 添加约束文件。选择“Project Mananger”->“add Sources”选项，选择“Add or Create Constraints”选项，单击“Next”按钮。

(7) 在当前界面中，单击“Create File”，新建一个 XDC 文件，输入 XDC 文件名，单击“OK”按钮，单击“Finish”按钮，单击“OK”按钮。

(8) 在当前界面中，双击打开新建好的 XDC 文件，输入相应的 FPGA 引脚约束信息和电平标准代码。如果已有源 XDC 文件，则可通过“Add Files”按钮添加。

3) 功能仿真

(1) 选择“Project Mananger”->“add Sources”选项。

(2) 选择“add or create simulation sources”选项。

(3) 在当前界面中，选择 Create File 创建一个仿真激励文件。

(4) 在当前界面中，输入激励文件名称，单击“OK”按钮，单击“Finish”按钮，单击“OK”按钮。

(5) 在 Source 下双击打开空白的激励测试文件，完成对将要仿真的 module 的实例化和激励代码的编写。如果已有源激励文件，则可通过“Add Files”按钮添加。

(6) 进行仿真，在 Vivado 流程处理主界面 Flow Navigator 中选择 Simulation 下的“Run Simulation”选项，并选择“Run Behavioral Simulation”选项。

(7) 生成仿真结果波形图(需要截屏图片)。

注：在输入设计文件、激励文件和约束文件的过程中，如果在 Messages 窗口出现错误信息，则需要按照 Verilog HDL 语法进行改正，直到没有错误信息为止。

4) 设计综合

(1) 找到“Synthesis”选项并展开，选择“Run Synthesis”选项。

(2) 选择“Run Implementation(运行设计实现)”选项。

(3) 展开“Synthesized Design”选项。

(4) 单击“Schematic”，打开综合原理图(需要截屏图片)。

5) 工程实现(第 5 步之前请接好 FPGA 实验板)

(1) 选项“Project and Debugr”->“Generate Bitstream”选项。

(2) 选项 Flow Navigator 中“Open Hardware Manager”选项，进入硬件编程管理界面。

(3) 在提示的信息中，选择“Open Hardware Manager”，选择“Auto Connect”连接到板卡。

(4) 连接成功后，在目标芯片上单击鼠标右键，选择“Program Device”。在弹出的对话框中“Bitstream File”一栏已经自动加载本工程生成的比特流文件，单击“Program”对 FPGA 芯片进行编程。

(5) 下载完成后，在板子上观察实验结果。

板子自最右侧数第 1 个开关为 ia，第 2 个为 ib，自最右侧数第 3 个灯表示 oNot=～ia，自最右侧数第 2 个灯表示 oOr=ia||ib，自最右侧数第 1 个灯表示 oAnd=ia&ib。请填写表 4-6 进行与或非门逻辑实验验证。

表 4-6　与或非门测试真值表

ia	ib	oNot	oOr	oAnd
0	0			
0	1			
1	0			
1	1			

当 ia=ib=1 时，需要拍摄实验结果的照片。

根据上述步骤完成实验报告，将实验步骤中要求的图片附加到实验报告的最后。

4.4 实验

5. 实验参考程序

1) 设计文件

```
module logic_gates_1(iA,iB,oAnd,oOr,oNot);
  input iA,iB;
  outputoAnd,oOr,oNot;
  and and_inst(oAnd,iA,iB);
```

```
  or or_inst(oOr,iA,iB);
  not not_inst(oNot,iA);
endmodule
```

2）约束文件

```
set_property PACKAGE_PIN J15 [get_ports iA]
set_property PACKAGE_PIN L16 [get_ports iB]
set_property PACKAGE_PIN H17 [get_ports oAnd]
set_property PACKAGE_PIN K15 [get_ports oOr]
set_property PACKAGE_PIN J13 [get_ports oNot]
set_property IOSTANDARD LVCMOS33  [get_ports iA]
set_property IOSTANDARD LVCMOS33  [get_ports iB]
set_property IOSTANDARD LVCMOS33  [get_ports oAnd]
set_property IOSTANDARD LVCMOS33  [get_ports oOr]
set_property IOSTANDARD LVCMOS33  [get_ports oNot]
```

3）仿真激励文件：

```
module logic_gates_tb;
   reg iA;
   reg iB;
   wire oAnd;
   wire oOr;
   wire oNot;
   initial
   begin
   iA = 0;
   #40 iA = 1;
   #40 iA = 0;
   #40 iA = 1;
   #40 iA = 0;
   end
      initial
        begin
        iB = 0;
        #40iB = 0;
        #40iB = 1;
        #40iB = 1;
        #40iB = 0;
        end
      logic_gates_1
      logic_gates_inst (
```

```
        .iA(iA),
        .iB(iB),
        .oAnd(oAnd),
        .oOr(oOr),
        .oNot(oNot)
      );
endmodule
```

4.5　三态门实验

1. 实验目的

(1) 熟悉 Vivado 编译环境;

(2) 了解在 Vivado 环境下运用 Verilog HDL 语言的编程开发流程,包括源程序的输入、编译、模拟仿真及程序下载;

(3) 掌握使用 Vivado、FPGA 开发板实验的基本流程。

2. 实验内容

(1) 设计三态门的 Verilog HDL 设计文件、约束文件、仿真激励文件;

(2) 掌握 Vivado 编译环境的使用;

(3) 理解并掌握 Verilog HDL 语言的编程开发流程。

3. 实验要求

(1) 在 Vivado 环境下完成对电路工作情况的仿真模拟;

(2) 完成实验程序的工程实现。

4. 实验步骤

1) 新建工程

(1) 打开 Vivado 开发工具。

(2) 单击 Create New Project。

(3) 输入工程名,选择工程存储路径。

(4) 选择"RTL Project"选项,并勾选"Do not specify sources at this time"选项。

(5) 根据使用的 FPGA 开发平台,选择对应的 FPGA 目标器件。

(6) 确认相关信息与设计所用的 FPGA 器件信息是否一致,一致请单击"Finish"按钮,否则返回上一级修改。

2) 设计文件的输入

(1) 选择"Project Mananger"—>"add Sources"选项。

(2) 选择"add or create design sources"选项。

(3) 单击"Create File"。

(4) 在"Create Source File"对话框中输入 File Name,单击"OK"按钮,单击"Finish"按钮,单击"OK"按钮。

(5) 新建的设计文件即存在于 Sources 下的 Design Sources 中。双击打开该文件,打开后输入该文件的设计代码。如果有多个设计文件则需要多次新建、输入。如果有现有的源设计文件,则可通过 Add Files 按钮添加。

(6) 添加约束文件。单击“Project Mananger”—>“add Sources”选项,选择“Add or Create Constraints”选项,单击“Next”按钮。

(7) 在当前界面中,单击“Create File”,新建一个 XDC 文件,输入 XDC 文件名,单击“OK”按钮,单击“Finish”按钮,单击“OK”按钮。

(8) 在当前界面中,双击打开新建好的 XDC 文件,输入相应的 FPGA 引脚约束信息和电平标准代码。如果已有源 XDC 文件,则可通过“Add Files”按钮添加。

3) 功能仿真

(1) 选择“Project Mananger”—>“add Sources”选项。

(2) 选择“add or create simulation sources”选项。

(3) 在当前界面中,选择 Create File 创建一个仿真激励文件。

(4) 在当前界面中,输入激励文件名称,单击“OK”按钮,单击“Finish”按钮,单击“OK”按钮。

(5) 在 Source 下双击打开空白的激励测试文件,完成对将要仿真的 module 的实例化和激励代码的编写。如果已有源激励文件,则可通过“Add Files”按钮添加。

(6) 进行仿真,在 Vivado 流程处理主界面 Flow Navigator 中选项 Simulation 下的“Run Simulation”选项,并选择“Run Behavioral Simulation”选项。

(7) 生成仿真结果波形图(需要截屏图片)。

注:在输入设计文件、激励文件和约束文件的过程中,如果在 Messages 窗口出现错误信息,则需要按照 Verilog HDL 语法进行改正,直到没有错误信息为止。

4) 设计综合

(1) 找到“Synthesis”选项并展开,选择“Run Synthesis”选项。

(2) 选择“Run Implementation(运行设计实现)”选项。

(3) 展开“Synthesized Design”选项。

(4) 单击“Schematic”,打开综合原理图(需要截屏图片)。

5) 工程实现

选择“Project and Debugr”—>“Generate Bitstream”选项。

执行上面的操作后,当出现“Bitmapstream generation successfully completed”后,把结果截屏并保留图片。

根据上述步骤完成实验报告,将实验步骤中要求的图片放到实验报告的最后。

4.5 实验

5. 实验参考程序

1) 设计文件

```
module three_state_gates(iA,iEna,oTri);
  input iA;
  input iEna;
  output oTri;
  assign oTri = (iEna == 1)?iA:'bz;
endmodule
```

2）约束文件

```
set_property PACKAGE_PIN J15 [get_ports iA]
set_property PACKAGE_PIN M17 [get_ports iEna]
set_property PACKAGE_PIN H17 [get_ports oTri]
set_property IOSTANDARD LVCMOS33 [get_ports iA]
set_property IOSTANDARD LVCMOS33 [get_ports iEna]
set_property IOSTANDARD LVCMOS33 [get_ports oTri]
```

3）仿真激励文件：

```
module three_gates_tb;
  reg iA;
  regiEna;
  wire oTriState;
  three_state_gates uut (
  .iA(iA),
  .iEna(iEna),
  .oTri(oTriState)
   );
   initial
      begin
      iA = 0;
      #40 iA = 1;
      #40 iA = 0;
      #40 iA = 1;
      end
     initial
        begin
        iEna = 1;
        #20iEna = 0;
        #40iEna = 1;
        #20iEna = 0;
        end
 endmodule
```

4.6　译码器实验

1. 实验目的

(1) 熟悉 Vivado 编译环境；

(2) 了解在 Vivado 环境下运用 Verilog HDL 语言的编程开发流程，包括源程序的输入、编译、模拟仿真及程序下载；

(3) 掌握使用 Vivado、FPGA 开发板实验的基本流程。

2. 实验内容

(1) 设计译码器的 Verilog HDL 设计文件、约束文件、仿真激励文件;

(2) 掌握 Vivado 编译环境的使用;

(3) 理解并掌握 Verilog HDL 语言的编程开发流程。

3. 实验要求

(1) 在 Vivado 环境下完成对电路工作情况的仿真模拟;

(2) 完成实验程序的工程实现。

4. 实验步骤

1) 新建工程

(1) 打开 Vivado 开发工具。

(2) 单击"Create New Project"。

(3) 输入工程名,选择工程存储路径。

(4) 选择"RTL Project"选项,并勾选"Do not specify sources at this time"选项。

(5) 根据使用的 FPGA 开发平台,选择对应的 FPGA 目标器件。

(6) 确认相关信息与设计所用的 FPGA 器件信息是否一致,一致请单击"Finish"按钮,否则返回上一级修改。

2) 设计文件的输入

(1) 选择"Project Mananger"—>"add Sources"选项。

(2) 选择"add or create design sources"选项。

(3) 单击"Create File"。

(4) 在 Create Source File 对话框中输入 File Name,单击"OK"按钮,单击"Finish"按钮,单击"OK"按钮。

(5) 新建的设计文件即存在于 Sources 下的 Design Sources 中。双击打开该文件,打开后输入该文件的设计代码。如果有多个设计文件则需要多次新建、输入。如果有现有的源设计文件,则可通过"Add Files"按钮添加。

(6) 添加约束文件。选择"Project Mananger"—>"add Sources"选项,选择"Add or Create Constraints"选项,单击"Next"按钮。

(7) 在当前界面中,单击 Create File,新建一个 XDC 文件,输入 XDC 文件名,单击"OK"按钮,单击"Finish"按钮,单击"OK"按钮。

(8) 在当前界面中,双击打开新建好的 XDC 文件,输入相应的 FPGA 引脚约束信息和电平标准代码。如果已有源 XDC 文件,则可通过"Add Files"按钮添加。

3) 功能仿真

(1) 选项"Project Mananger"—>"add Sources"选项。

(2) 选择"add or create simulation sources"。

(3) 在当前界面中,选择 Create File 创建一个仿真激励文件。

(4) 在当前界面中,输入激励文件名称,单击"OK"按钮,单击"Finish"按钮,单击"OK"按钮。

(5) 在 Source 下双击打开空白的激励测试文件,完成对将要仿真的 module 的实例化和激励代码的编写。如果已有源激励文件,则可通过"Add Files"按钮添加。

(6) 进行仿真,在 Vivado 流程处理主界面 Flow Navigator 中单击 Simulation 下的"Run Simulation"选项,并选择"Run Behavioral Simulation"选项。

(7) 生成仿真结果波形图(需要截屏图片),并填写表 4-7。

注:在输入设计文件、激励文件和约束文件的过程中,如果在 Messages 窗口出现错误信息,则需要按照 Verilog HDL 语法进行改正,直到没有错误信息为止。

表 4-7　译码器输出

序号	输入数据 *A*	仿真结果 *Y*	正确结果 *Y*	结果是否正确
1	000			
2	001			
3	010			
4	011			
5	100			
6	101			
7	110			
8	111			

4)设计综合

(1) 找到"Synthesis"选项并展开,选择"Run Synthesis"选项。

(2) 选择"Run Implementation(运行设计实现)"选项。

(3) 展开"Synthesized Design"选项。

(4) 单击"Schematic",打开综合原理图(需要截屏图片)。

5) 工程实现

选项"Project and Debugr"->"Generate Bitstream"选项。

执行上面的操作后,当出现"Bitmapstream generation successfully completed"后,把结果截屏并保留图片。

根据上述步骤完成实验报告,将实验步骤中要求的图片附加到实验报告的最后。

4.6 实验

5. 实验参考程序

1) 设计文件

```
module decoder3_8(Y,en,A);
   input en;
   input [2:0] A;
   output reg [7:0] Y;
   always @( * ) begin
       if(en == 1) begin          //active enable signal
           //3 - 8 decoder
           case(A)
```

```
                3'b000:Y = 8'b00000001;
                3'b001:Y = 8'b00000010;
                3'b010:Y = 8'b00000100;
                3'b011:Y = 8'b00001000;
                3'b100:Y = 8'b00010000;
                3'b101:Y = 8'b00100000;
                3'b110:Y = 8'b01000000;
                3'b111:Y = 8'b10000000;
            endcase
          end
        else Y = 8'b00000000;   ////inactive enable signal
      end
endmodule
```

2）约束文件

```
set_property - dict {PACKAGE_PIN J15   IOSTANDARD LVCMOS33} [get_ports {A[0]}]
set_property - dict {PACKAGE_PIN L16   IOSTANDARD LVCMOS33} [get_ports {A[1]}]
set_property - dict {PACKAGE_PIN M13   IOSTANDARD LVCMOS33} [get_ports {A[2]}]
set_property - dict {PACKAGE_PIN V10   IOSTANDARD LVCMOS33} [get_ports {en}]
set_property - dict {PACKAGE_PIN H17   IOSTANDARD LVCMOS33} [get_ports {Y[0]}]
set_property - dict {PACKAGE_PIN K15   IOSTANDARD LVCMOS33} [get_ports {Y[1]}]
set_property - dict {PACKAGE_PIN J13   IOSTANDARD LVCMOS33} [get_ports {Y[2]}]
set_property - dict {PACKAGE_PIN N14   IOSTANDARD LVCMOS33} [get_ports {Y[3]}]
set_property - dict {PACKAGE_PIN R18   IOSTANDARD LVCMOS33} [get_ports {Y[4]}]
set_property - dict {PACKAGE_PIN V17   IOSTANDARD LVCMOS33} [get_ports {Y[5]}]
set_property - dict {PACKAGE_PIN U17   IOSTANDARD LVCMOS33} [get_ports {Y[6]}]
set_property - dict {PACKAGE_PIN U16   IOSTANDARD LVCMOS33} [get_ports {Y[7]}]
```

3）仿真激励文件

```
'timescale 1ns/1ps
module decoder3_8_tb;
    //Inputs
    regen;
    reg [2:0] A;
    //Outputs
    wire [7:0] Y;
    //Instantiate the Unit Under Test (UUT)
    decoder3_8uut (
        .Y(Y),
        .en(en),
        .A(A)
    );
```

```
    initial begin
        //Initialize Inputs
        en = 0;
        A = 0;
        //Wait 100 ns for global reset to finish
        #100;
        //Add stimulus here
        en = 1;
        #20 A = 3'b001;
        #20 A = 3'b010;
        #20 A = 3'b011;
        #20 A = 3'b100;
        #20 A = 3'b101;
        #20 A = 3'b110;
        #20 A = 3'b111;
    end
    initial
        $monitor("Simulation Time:",$time,,"A = %b,Y = %b",A,Y);
endmodule
```

4.7 流水灯实验

1. 实验目的

(1) 熟悉 Vivado 编译环境；

(2) 了解在 Vivado 环境下运用 Verilog HDL 语言的编程开发流程，包括源程序的输入、编译、模拟仿真及程序下载；

(3) 掌握使用 Vivado、FPGA 开发板实验的基本流程。

2. 实验内容

(1) 设计流水灯的 Verilog HDL 设计文件、仿真激励文件。

(2) 掌握 Vivado 编译环境的使用。

(3) 理解并掌握 Verilog HDL 语言的编程开发流程。

3. 实验要求

(1) 在 Vivado 环境下完成对电路工作情况的仿真模拟。

(2) 完成实验的设计综合。

4. 实验步骤

1) 新建工程

(1) 打开 Vivado 开发工具。

(2) 单击“Create New Project”。

(3) 输入工程名,选择工程存储路径。

(4) 选择“RTL Project”选项,并勾选“Do not specify sources at this time”选项。

(5) 根据使用的FPGA开发平台,选择对应的FPGA目标器件。

(6) 确认相关信息与设计所用的FPGA器件信息是否一致,一致请单击“Finish”按钮,否则返回上一级修改。

2) 设计文件的输入

(1) 选择“Project Mananger”->“add Sources”选项。

(2) 选择“add or create design sources”选项。

(3) 单击“Create File”。

(4) 在“Create Source File”对话框中输入File Name,单击“OK”按钮,单击“Finish”按钮,单击“OK”按钮。

(5) 新建的设计文件即存在于Sources下的Design Sources中。双击打开该文件,打开后输入该文件的设计代码。如果有多个设计文件则需要多次新建、输入。如果有现有的源设计文件,则可通过“Add Files”按钮添加。

(6) 添加约束文件。选择“Project Mananger”->“add Sources”,选择“Add or Create Constraints”选项,单击“Next”按钮。

(7) 在当前界面中,单击“Create File”,新建一个XDC文件,输入XDC文件名,单击“OK”按钮,单击“Finish”按钮,单击“OK”按钮。

(8) 在当前界面中,双击打开新建好的XDC文件,输入相应的FPGA引脚约束信息和电平标准代码。如果已有源XDC文件,则可通过“Add Files”按钮添加。

3) 功能仿真

(1) 选择“Project Mananger”->“add Sources”选项。

(2) 选第三项add or create simulation sources。

(3) 在当前界面中,选择“Create File”选项创建一个仿真激励文件。

(4) 在当前界面中,输入激励文件名称,单击“OK”按钮,单击“Finish”按钮,单击“OK”按钮。

(5) 在Source下双击打开空白的激励测试文件,完成对将要仿真的module的实例化和激励代码的编写。如果已有源激励文件,则可通过“Add Files”按钮添加。

(6) 进行仿真,在Vivado流程处理主界面Flow Navigator中选项Simulation下的“Run Simulation”选项,并选择“Run Behavioral Simulation”选项。

(7) 生成仿真结果波形图(需要截屏图片)。

注:在输入设计文件、激励文件和约束文件的过程中,如果在Messages窗口出现错误信息,则需要按照Verilog HDL语法进行改正,直到没有错误信息为止。

4) 设计综合

(1) 找到“Synthesis”选项并展开,选择“Run Synthesis”选项。

(2) 选择“Run Implementation(运行设计实现)”选项。

(3) 展开“Synthesized Design”选项。

(4) 单击“Schematic”,打开综合原理图(需要截屏图片)。

4.7 实验

根据上述步骤完成实验报告,将实验步骤中要求的图片附加到实验报告的最后。

5. 实验参考程序

1）设计文件

```
module water (
 input wire clk,
 input wire rst_n,
 output reg[3:0] led);
 parameter CNT_1S = 49999999;//49999999,9,5,2
 reg[25:0] cnt_1s;
 reg flag;
 always@(posedge clk or negedge rst_n)
 if(rst_n == 0)
     cnt_1s<= 0;
 else if (cnt_1s == CNT_1S)
          cnt_1s<= 0;
      else
 cnt_1s<= cnt_1s + 1'b1;
 always@(posedge clk or negedge rst_n)
 if(rst_n == 0)
     flag<= 0;
 else if (cnt_1s == CNT_1S)
          flag<= 1;
      else
      flag<= 0;
 always@(posedge clk or negedge rst_n)
 if(rst_n == 0)
       led<= 4'b0001;
   else if (flag == 1)
       led<= {led[2:0],led[3]};
endmodule
```

2）仿真激励文件

```
'timescale 1ns/1ps
module tb_water( );
    regclk;
    regrst_n;
    wire[3:0] led;
    initial
       begin
         clk = 0;
         rst_n<= 0;
```

```
        #100
        rst_n<= 1;
      end
   always #10 clk = ~clk;
   water water_inst(
    .clk(clk),
    .rst_n(rst_n),
    .led(led)
    );
endmodule
```

4.8 FPGA D 触发器实验

1. 实验目的

(1) 熟悉 Vivado 编译环境；

(2) 了解在 Vivado 环境下运用 Verilog HDL 语言的编程开发流程，包括源程序的输入、编译、模拟仿真及程序下载；

(3) 掌握使用 Vivado、FPGA 开发板实验的基本流程。

2. 实验内容

(1) 设计基本 D 触发器、同步 D 触发器、异步 D 触发器、带置位 D 触发器的 Verilog HDL 设计文件、仿真激励文件；

(2) 掌握 Vivado 编译环境的使用；

(3) 理解并掌握 Verilog HDL 语言的编程开发流程。

3. 实验要求

(1) 在 Vivado 环境下完成对电路工作情况的仿真模拟；

(2) 完成实验的设计综合。

4. 实验步骤

1) 新建工程

(1) 打开 Vivado 开发工具。

(2) 单击 Create New Project。

(3) 输入工程名，选择工程存储路径。

(4) 选择“RTL Project”选项，并勾选“Do not specify sources at this time”选项。

(5) 根据使用的 FPGA 开发平台，选择对应的 FPGA 目标器件。

(6) 确认相关信息与设计所用的 FPGA 器件信息是否一致，一致请单击“Finish”按钮，否则返回上一级修改。

2) 设计文件的输入

(1) 选择“Project Mananger”->“add Sources”选项。

(2) 选择“add or create design sources”选项。

(3) 单击“Create File”。

(4) 在“Create Source File”对话框中输入 File Name，单击“OK”按钮，单击“Finish”按钮，单击“OK”按钮。

(5) 新建的设计文件即存在于 Sources 下的“Design Sources”中。双击打开该文件，打开后输入该文件的设计代码。如果有多个设计文件则需要多次新建、输入。如果有现有的源设计文件，则可通过“Add Files”按钮添加。

(6) 添加约束文件。选择“Project Mananger”—>“add Sources”选项，选择“Add or Create Constraints”选项，单击“Next”按钮。

(7) 在当前界面中，单击“Create File”，新建一个 XDC 文件，输入 XDC 文件名，单击“OK”按钮，单击“Finish”按钮，单击“OK”按钮。

(8) 在当前界面中，双击打开新建好的 XDC 文件，输入相应的 FPGA 引脚约束信息和电平标准代码。如果已有源 XDC 文件，则可通过“Add Files”按钮添加。

3) 功能仿真

(1) 选择“Project Mananger”—>“add Sources”选项。

(2) 选择“add or create simulation sources”选项。

(3) 在当前界面中，选择 Create File 创建一个仿真激励文件。

(4) 在当前界面中，输入激励文件名称，单击“OK”按钮，单击“Finish”按钮，单击“OK”按钮。

(5) 在 Source 下双击打开空白的激励测试文件，完成对将要仿真的 module 的实例化和激励代码的编写。如果已有源激励文件，则可通过“Add Files”按钮添加。

(6) 进行仿真，在 Vivado 流程处理主界面 Flow Navigator 中选择 Simulation 下的“Run Simulation”选项，并选择“Run Behavioral Simulation”选项。

(7) 生成仿真结果波形图(需要截屏的图片包括：基本 D 触发器、同步 D 触发器、异步 D 触发器、带置位 D 触发器)，并填写表 4-8～表 4-11 空白处的值。

注：在输入设计文件、激励文件和约束文件的过程中，如果在 Messages 窗口出现错误信息，则需要按照 Verilog HDL 语法进行改正，直到没有错误信息为止。

表 4-8　基本 D 触发器输出

D	Cp	*Q*	~*Q*
X	0		
X	1		
0	上升沿		
1	上升沿		

表 4-9　同步 D 触发器输出

R	*D*	Cp	*Q*	~*Q*
0	*X*	上升沿		
1	*X*	0		
1	*X*	1		
1	0	上升沿		
1	1	上升沿		

表 4-10 异步 D 触发器输出

R	D	Cp	Q	$\sim Q$
0	X	上升沿		
1	X	0		
1	X	1		
1	0	上升沿		
1	1	上升沿		

表 4-11 带置位 D 触发器输出

S	R	D	Cp	Q	$\sim Q$
0	1	X	上升沿		
1	0	X	上升沿		
1	1	X	0		
1	1	0	上升沿		
1	1	1	上升沿		

4)设计综合

(1) 找到“Synthesis”选项并展开,选择“Run Synthesis”选项。

(2) 选择“Run Implementation(运行设计实现)”选项。

(3) 展开“Synthesized Design”选项。

(4) 单击“Schematic”,打开综合原理图(需要截屏的图片包括:基本 D 触发器、同步 D 触发器、异步 D 触发器、带置位 D 触发器)。

根据上述步骤完成实验报告,将实验步骤中要求的图片附加到实验报告的最后。

4.8 实验

5. 实验参考程序

1) 基本 D 触发器设计文件

```
module async_rddf(clk,d,q,qb);
  input clk,d;
  output q,qb;
  reg q,qb;
  always @(posedgeclk)
  begin
     q<= d;
     qb<= ~d;
  end
endmodule
```

2) 基本 D 触发器仿真激励文件

```
module test;
  //Inputs
```

```
reg clk;
reg d;
//Outputs
wire  q;
wire  qb;
//Instantiate the Unit Under Test (UUT
async_rddf uut (
.clk(clk),
.d(d),
.q(q),
.qb(qb)
);
initial begin
 //Initialize Inputs
 clk = 0;
 d = 0;
 //Wait 100 ns for global reset to
 #100;
 //Add stimulus here
end
 always #20 clk = ~clk;
 always #30 d = ~d;
endmodule
```

3) 同步 D 触发器设计文件

```
modulesync_rddf(clk,reset,d,q,qb);
 inputclk,reset,d;
 output q,qb;
 regq,qb;
 always @(posedgeclk) begin
 if(! reset) begin
   q<= 0;
   qb<= 1;
 end
 else begin
      q<= d;
      qb<= ~d;
      end
 end
endmodule
```

4）同步 D 触发器仿真激励文件

```
module test;
 //Inputs
 reg  clk;
 reg   d;
 reg   reset;
 //Outputs
 wire   q;
 wire  qb;
 //Instantiate the Unit Under Test (UUT
 sync_rddf uut (
 .clk(clk),
 .reset(reset),
 .d(d),
 .q(q),
 .qb(qb)
 );
 initial begin
 //Initialize Inputs
 clk = 0;
 d = 0;
 reset = 1;
 //Wait 100 ns for global reset to
 #100;
 //Add stimulus here
 end
 always #20clk = ~clk;
 always #30 d = ~d;
 always #400 reset = ~reset;
endmodule
```

5）异步 D 触发器设计文件

```
module async_rddf(clk,reset,d,q,qb);
  input clk,reset,d;
  output q,qb;
  reg q,qb;
  always @(posedge clk or negedge reset) begin
  if(!reset & !clk) begin
     q<= 0;
     qb<= 1;
```

```
    end
  else begin
    q<= d;
    qb<= ～d;
    end
  end
endmodule
```

6）异步 D 触发器仿真激励文件

```
module test;
  //Inputs
   reg  clk;
   reg  d;
   reg  reset;
  //Outputs
   wire q;
   wire qb;
  //Instantiate the Unit Under Test (UUT
  async_rddf uut (
  .clk(clk),
  .reset(reset),
  .d(d),
  .q(q),
  .qb(qb)
  );
  initial begin
  //Initialize Inputs
  clk = 0;
   d = 0;
   reset = 1;
  //Wait 100 ns for global reset to
   #100;
  //Add stimulus here
   end
   always #20clk = ～clk;
   always #30 d = ～d;
   always #400 reset = ～reset;
endmodule
```

7）带置位 D 触发器设计文件

```
module sync_rsddf(clk,reset,set,d,q,qb);
```

```
    input clk,reset,set;
    input d;
    output q,qb;
    reg q,qb;
    always @(posedge clk) begin
    if(! set && reset) begin
       q<= 1;
       qb<= 0;
    end
    else if(set && ! reset) begin
    q<= 0;
    qb<= 1;
    end
        else begin
           q<= d;
           qb<= ~d;
        end
    end
endmodule
```

8）带置位 D 触发器仿真激励文件

```
module test;
   //Inputs
    reg  clk;
    reg  d;
    reg  reset;
    reg  set;
   //Outputs
    wire q;
    wire qb;
   //Instantiate the Unit Under Test (UUT
    sync_rsddf uut (
   .clk(clk),
   .reset(reset),
   .set(set),
   .d(d),
   .q(q),
   .qb(qb)
    );
    initial begin
```

```
    //Initialize Inputs
     clk = 0;
     d = 0;
     reset = 1;
     set = 1;
    //Wait 100 ns for global reset to
     #100;
    //Add stimulus here
     end
     always #20clk = ~clk;
     always #30 d = ~d;
     always #400 reset = ~reset;
     always #500 set = ~set;
endmodule
```

第5章　数据验证及运算器设计实验

本章主要包括数据验证及运算器设计实验的主要内容，实验目的是通过实际的例子，让学生理解C语言程序与底层硬件之间的关系以及运算器的设计流程。本章要求按照实验步骤完成实验，并在实验报告的最后提交要求的图片。

5.1　程序的机器级表示与执行实验

5.1.1　hello.c可执行程序的生成

1. 实验目的

通过了解高级语言源程序和目标机器代码的不同表示及其相互转换，深刻理解高级语言和机器语言之间的关系，以及机器语言和不同体系结构之间的关系。

2. 实验内容

对hello.c源程序进行编译、链接，最终生成可执行目标代码。使用Flex软件打开给出源程序hello.c、hello.exe并回答问题。

3. 实验要求

(1) 使用VC++6.0编译器及Flex软件完成实验内容。

(2) 深刻理解高级语言和机器语言之间的关系。

4. 实验步骤

(1) 用VC++6.0，编译并运行如下代码(hello.c)。

```
#include<stdio.h>
void main( )
{
  printf("hello,world!\n");
}
```

对运行结果截屏并保留图片。

(2) 使用FLEX软件打开给出源程序hello.c(文本文件)的内容(用十六进制形式表示)。对运行结果截屏并保留图片。

(3) 使用FLEX软件打开可执行目标文件hello.exe(二进制文件)的内容(用十六进制形式表示)。对运行结果截屏并保留图片。

(4) 分析并回答下列问题。

① 高级语言、机器语言与汇编语言之间的关系是什么?

答:

② 你能在可执行目标文件中找出函数 printf( )对应的机器代码段吗? 能的话,请标示出来。

答:

③ 为什么源程序文件的内容和可执行目标文件的内容完全不同?

答:

5.1.1 实验

(5) 根据上述步骤完成实验报告,实验报告最后附上实验要求的截图。

5.1.2　sum.c 程序运行错误的分析

1. 实验目的

通过了解高级语言源程序和目标机器代码的不同表示及其相互转换,深刻理解高级语言和机器语言之间的关系,以及无符号数、带符号数的概念及表示。

2. 实验内容

对 sum.c 源程序进行编译、链接,最终生成可执行目标代码,运行并解释运行错误产生的原因,观察反编译代码。

3. 实验要求

(1)使用 VC++6.0 编译器完成实验内容;

(2)深刻理解高级语言和机器语言之间的关系,以及无符号数、带符号数的概念及表示。

4. 实验步骤

(1) 用 VC++6.0,编译并运行如下代码(sum.c)。

```
#include<stdio.h>
int sum(int a[],unsigned len)
  {
      int  i,sum = 0;
      for(i = 0;i<= (len - 1);i ++)     ↙红框
          sum += a[i];
      return sum;
  }
void main( )
```

```
{
    int a[10] = {1,2,3,4,5,6,7,8,9,10};
    printf("%d",sum(a,0));
}
```

对运行结果截屏并保留图片。

(2) 在上面程序中,当参数 len 为 0 时,返回值应该是 0,但是在机器上执行时,却发生了存储器访问异常。请运行以上代码,并用反汇编查看机器代码(对运行结果截屏并保留图片),找出方框中源程序对应的机器代码,结合加/减运算部件(如图 5-1 所示)分析为什么会出现异常?

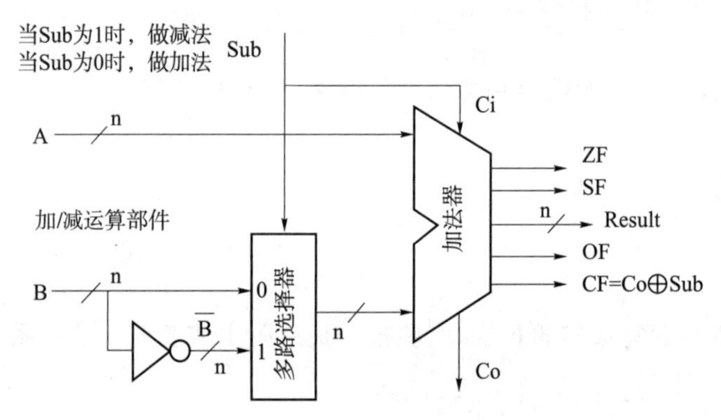

图 5-1 加/减运算部件电路图

(3) 将参数 len 声明为 int 型,在机器上执行,结果是多少? 为什么是对的结果,请同样找出红框对应的机器代码(对运行结果截屏并保留图片),结合加/减运算部件分析为什么是正确的。

(4)注意使用 VC++6.0 编译器查看反汇编代码的方法:在上面的代码红点处插入断点(在对应的代码行前单击鼠标右键,选择"Insert/Remove BreakPoint")后,按 F5 键进入调试,然后按 ALT+8 键查看对应的汇编代码(对运行结果截屏并保留图片)。

5.1.2 实验

(5) 根据上述步骤完成实验报告,实验报告最后附上实验的截图。

5.2 数据验证实验

5.2.1 数据的存放顺序

1. 实验目的

通过了解高级语言源程序和目标机器代码的不同表示及其相互转换,深刻理解高级语言和机器语言之间的关系,理解数据在机器中的存放顺序。

2. 实验内容

对 x0x1.c 源程序进行编译、链接,最终生成可执行目标代码,并回答问题。

3. 实验要求

(1) 使用 VC++6.0 编译器完成实验内容；

(2) 理解数据在机器中的存放顺序。

4. 实验步骤

(1) 用 VC++6.0,编译并运行如下代码(x0x1.c)。

```
#include<stdio.h>
void main( )
{
  short int x;
  char x0,x1;
  x = 0x1122;
  x0 = *((char *)&x);
  x1 = *((char *)&x + 1);
  printf("x0 = %x,x1 = %x\n",x0,x1);// %x是指用十六进制输出
}
```

对运行结果截屏并保留图片。

(2) 请问什么是大端存储方式？什么是小端存储方式？

(3) 以上程序的运行结果表明,你的计算机是大端存储方式还是小端存储方式？

(4) 根据上述步骤完成实验报告,实验报告最后附上实验要求的截图。

5.2.1 实验

5.2.2 数据的对齐方式

1. 实验目的

通过了解高级语言源程序和目标机器代码的不同表示及其相互转换,深刻理解高级语言和机器语言之间的关系,理解数据在机器中的对齐方式。

2. 实验内容

对 structab.c 源程序进行编译、链接,最终生成可执行目标代码,并回答问题。

3. 实验要求

(1) 使用 VC++6.0 编译器完成实验内容。

(2) 理解数据在机器中的对齐方式。

4. 实验步骤

用 VC++6.0,编译并运行如下代码(structab.c)。

```
#include<stdio.h>
struct A
{
  int a;
  char b;
  short c;
  };
```

```
  struct B
  {
   char b;
   int a;
   short c;
  };
void main( )
{
   int a = sizeof(A);
   int b = sizeof(B);
   int c = sizeof(int);
   int d = sizeof(short);
   printf("a = %d  b = %d c = %d d = %d",a,b,c,d);
}
```

对运行结果截屏并保留图片。

(1) 编译并运行以上程序,检查结构中的数据是否按边界对齐。

(2) 请问 a 和 b 的值是多少?是否相等?并说明原因。

(3) 根据上述步骤完成实验报告,实验报告最后附上实验要求的截图。

5.2.2 实验

5.2.3 无符号数和带符号整数的表示

1. 实验目的

通过无符号数和带符号整数之间的相互转换来理解无符号数和补码整数的表示。

2. 实验内容

对 x1x2.c 源程序进行编译、链接,最终生成可执行目标代码,查看计算机中各变量在内存中存储的情况并回答问题。

3. 实验要求

(1) 使用 VC++6.0 编译器完成实验内容;

(2) 理解计算机中无符号数和补码整数的表示方法。

4. 实验步骤

(1) 用 VC++6.0,编译并运行如下代码(x1x2.c)。

```
#include<stdio.h>
int main( )
{
 int x1 = -1;
 unsigned int x2 = -1;
 printf("%d\n",x1);//以十进制输出有符号数
 printf("%u\n",x2);//以十进制输出无符号数
 return 0;
}
```

对运行结果截屏并保留图片。

(2)查看计算机中各变量在内存中存储的情况(对运行结果截屏并保留图片)。方法:按F10键进入调试,此时会自动弹出如图5-2的窗口(如果没有出现,可以在工具栏上单击鼠标右键,在快捷菜单中勾选“调试”选项即可)。

图5-2中第一个红框为watch,用于查看变量的值;第二个红框是memory,用于查看程序所占内存的状态。查看x1内存数的方法为在watch窗口输入&x1,找到x1内存的地址,如图5-3所示。

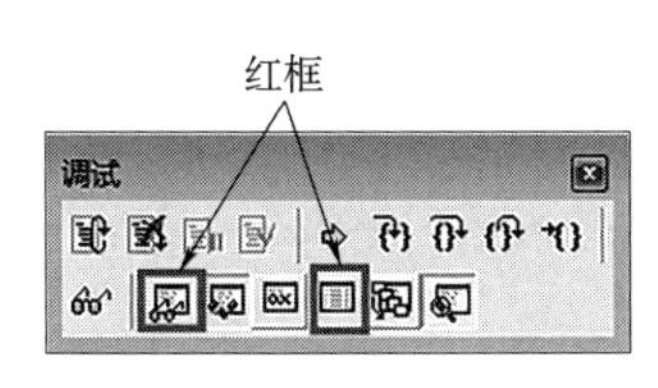

图5-2 VC++6.0调试窗口

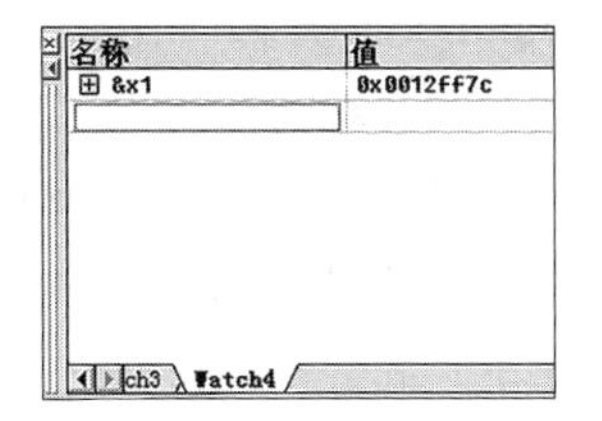

图5-3 watch窗口中的x1地址

如图5-4所示,在memory窗口输入地址并按Enter键,就可以查看x1在内存存放的二进制数。

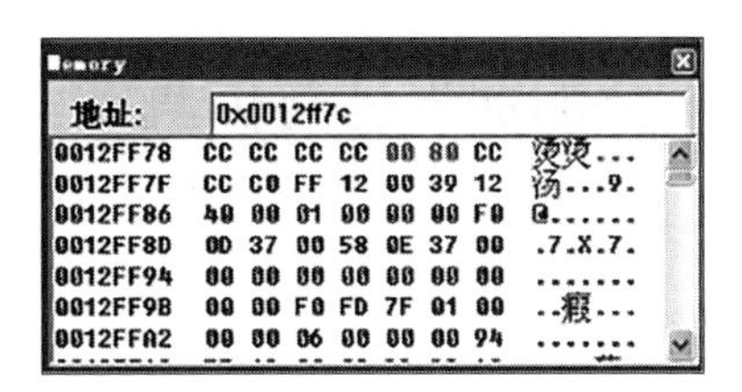

图5-4 memory窗口中找到x1的值

(3) 根据实验结果,回答下列问题。

① int类型的位数、最小值和最大值各是多少?

② 在你的机器上,-1用int类型和unsiged int类型表示的结果分别是多少?说明为什么?

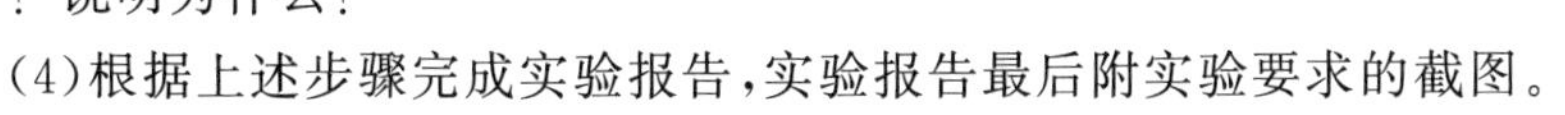

(4)根据上述步骤完成实验报告,实验报告最后附实验要求的截图。

5.2.3 实验

5.2.4 整数的算术运算

1. 实验目的

通过检查高级语言中数据运算的不同结果,进一步理解机器代码在CPU中的执行过程,从而为更好地学习指令系统设计和CPU设计打下良好的基础。

2. 实验内容

假设带符号整数变量x和y的机器数分别是X和Y,若X=A6H,Y=3FH,则x,y,x+y,x-y分别为多少?请编写程序用十进制和十六进制分别显示x+y,x-y的结果,自行进行计算并解释为什么。

3. 实验要求

(1) 使用VC++6.0编译器编写并执行实验内容所要求的程序;

(2) 理解计算机中整数的算术运算过程。

4. 实验步骤

(1) 用VC++6.0,编译并运行如下代码(xy.c)。

```
#include<stdio.h>
int main( )
{
  int x,y;
  printf("input x,y\n");
  scanf("%x%x",&x,&y);
  printf("十六进制的结果是:%x\t%x\t%x\t%x\t",x,y,x+y,x-y);
  printf("十进制的结果是:%d\t%d\t%d\t%d\t",x,y,x+y,x-y);
  return 0;
  }
```

输入X=A6H,Y=3FH,对运行结果截屏并保留图片。

(2) x,y,x+y,x−y分别为多少?自行进行计算并解释为什么?

(3) 根据上述步骤完成实验报告,实验报告最后附上实验要求的截图。

5.2.4 实验

5.3 全加器设计与仿真实验

1. 实验目的

(1) 熟悉Vivado编译环境;

(2) 了解在Vivado环境下运用Verilog HDL语言的编程开发流程,包括源程序的输入、编译、模拟仿真及程序下载;

(3) 掌握使用Vivado、FPGA开发板实验的基本流程。

2. 实验内容

(1) 设计全加器的Verilog HDL设计文件、约束文件、仿真激励文件;

(2) 掌握Vivado编译环境的使用;

(3) 理解并掌握Verilog HDL语言的编程开发流程。

3. 实验要求

(1) 在Vivado环境下完成对电路工作情况的仿真模拟;

(2) 完成实验程序的工程实现。

4. 实验步骤

1) 新建工程

(1) 打开Vivado开发工具。

(2) 单击“Create New Project”。

(3) 输入工程名,选择工程存储路径。

(4) 选择“RTL Project”选项,并勾选“Do not specify sources at this time”选项。

(5) 根据使用的FPGA开发平台,选择对应的FPGA目标器件。

(6) 确认相关信息与设计所用的FPGA器件信息是否一致,一致请单击“Finish”按钮,否则返回上一级修改。

2）设计文件的输入

（1）选择"Project Mananger"->"add Sources"选项。

（2）选择"add or create design sources"选项。

（3）单击"Create File"。

（4）在"Create Source File"对话框中输入 File Name，单击"OK"按钮，单击"Finish"按钮，单击"OK"按钮。

（5）新建的设计文件即存在于 Sources 下的 Design Sources 中。双击打开该文件，打开后输入该文件的设计代码。如果有多个设计文件则需要多次新建、输入。如果有现有的源设计文件，则可通过"Add Files"按钮添加。

（6）添加约束文件。选择"Project Mananger"->"add Sources"选项，选择"Add or Create Constraints"选项，单击"Next"按钮。

（7）在当前界面中，单击"Create File"，新建一个 XDC 文件，输入 XDC 文件名，单击"OK"按钮，单击"Finish"按钮，单击"OK"按钮。

（8）在当前界面中，双击打开新建好的 XDC 文件，输入相应的 FPGA 引脚约束信息和电平标准代码。如果已有源 XDC 文件，则可通过"Add Files"按钮添加。

3）功能仿真

（1）选项"Project Mananger"->"add Sources"选项。

（2）选择"add or create simulation sources"选项。

（3）在当前界面中，选择"Create File"选项创建一个仿真激励文件。

（4）在当前界面中，输入激励文件名称，单击"OK"按钮，单击"Finish"按钮，单击"OK"按钮。

（5）在 Source 下双击打开空白的激励测试文件，完成对将要仿真的 module 的实例化和激励代码的编写。如果已有源激励文件，则可通过"Add Files"按钮添加。

（6）进行仿真，在 Vivado 流程处理主界面 Flow Navigator 中单击 Simulation 下的"Run Simulation"选项，并选择"Run Behavioral Simulation"选项。

（7）生成仿真结果波形图（需要截屏图片）。

注：在输入设计文件、激励文件和约束文件的过程中，如果在 Messages 窗口出现错误信息，则需要按照 Verilog HDL 语法进行改正，直到没有错误信息为止。

4）设计综合

（1）找到"Synthesis"选项并展开，选择"Run Synthesis"选项。

（2）选择"Run Implementation（运行设计实现）"选项。

（3）展开"Synthesized Design"选项。

（4）单击"Schematic"，打开综合原理图（需要截屏图片）。

5）工程实现

（1）单击"Project and Debugr"->"Generate Bitstream"选项。

（2）执行步骤（1）后，当出现"Bitmapstream generation successfully completed"后，把结果截屏并保留图片。

5.3 实验

根据上述步骤完成实验报告，将实验步骤中要求的图片放到实验报告的最后。

5. 实验参考程序

1）设计文件

```
'timescale 1ns/1ps
module fulladd(
    input a,
    input b,
    input c_in,
    output c_out,
    output sum
    );
    wire t1,t2,t3;
    wire s1,s2,s3,s4;
    not (a1,a);
    not (b1,b);
    not (c_in1,c_in);
    and (s1,a,b,c_in);
    and (s2,a1,b,c_in1);
    and (s3,a,b1,c_in1);
    and (s4,a1,b1,c_in);
    and (t1,a,b);
    and (t2,a,c_in);
    and (t3,b,c_in);
    or (sum,s1,s2,s3,s4);
    or (c_out,t1,t2,t3);
endmodule
```

2）约束文件

```
set_property PACKAGE_PIN J15 [get_ports a]
set_property PACKAGE_PIN L16 [get_ports b]
set_property PACKAGE_PIN M13 [get_ports c_in]
set_property PACKAGE_PIN H17 [get_ports c_out]
set_property PACKAGE_PIN K15 [get_ports sum]
set_property IOSTANDARD LVCMOS33 [get_ports a]
set_property IOSTANDARD LVCMOS33 [get_ports b]
set_property IOSTANDARD LVCMOS33 [get_ports c_in]
set_property IOSTANDARD LVCMOS33 [get_ports c_out]
set_property IOSTANDARD LVCMOS33 [get_ports sum]
```

3）仿真激励文件：

```
'timescale 1ns/1ps
module stimulus;
```

```
    reg A,B;
    reg C_IN;
    wire SUM;
    wire C_OUT;
    fulladd full(A,B,C_IN,C_OUT,SUM);
    initial
    begin
      $monitor($time,"A = %b,B = %b,C_OUT = %b,SUM = %b\n",A,B,C_OUT,SUM);
    end
    initial
    begin
      C_IN = 1;
      #5 A = 1;B = 0;
      #5 A = 0;B = 1;
      #5 A = 1;B = 1;
      #5 A = 0;B = 0;
    end
endmodule
```

5.4 运算器设计与仿真实验

1. 实验目的

(1) 熟悉 Vivado 编译环境；

(2) 了解在 Vivado 环境下运用 Verilog HDL 语言的编程开发流程，包括源程序的输入、编译、模拟仿真及程序下载；

(3) 掌握使用 Vivado、FPGA 开发板实验的基本流程。

2. 实验内容

(1) 设计 4 位运算器的 Verilog HDL 设计文件、约束文件、仿真激励文件；

(2) 掌握 Vivado 编译环境的使用；

(3) 理解并掌握 Verilog HDL 语言的编程开发流程。

3. 实验要求

(1) 在 Vivado 环境下完成对电路工作情况的仿真模拟；

(2) 完成实验程序的工程实现。

4. 实验步骤

1) 新建工程

(1) 打开 Vivado 开发工具。

(2) 单击“Create New Project”。

(3) 输入工程名，选择工程存储路径。

(4) 选择“RTL Project”选项，并勾选“Do not specify sources at this time”选项。

(5) 根据使用的 FPGA 开发平台，选择对应的 FPGA 目标器件。

(6) 确认相关信息与设计所用的 FPGA 器件信息是否一致，一致请单击"Finish"按钮，否则返回上一级修改。

2) 设计文件的输入

(1) 选择"Project Mananger"—>"add Sources"选项。

(2) 选择"add or create design sources"选项。

(3) 单击"Create File"。

(4) 在"Create Source File"对话框中输入 File Name，单击"OK"按钮，单击"Finish"按钮，单击"OK"按钮。

(5) 新建的设计文件即存在于 Sources 下的 Design Sources 中。双击打开该文件，打开后输入该文件的设计代码。如果有多个设计文件则需要多次新建、输入。

如果有现有的源设计文件，则可通过"Add Files"按钮添加。

(6) 添加约束文件。选择"Project Mananger"—>"add Sources"选项，选择"Add or Create Constraints"选项，单击"Next"按钮。

(7) 在当前界面中，单击"Create File"，新建一个 XDC 文件，输入 XDC 文件名，单击"OK"按钮，单击"Finish"按钮，单击"OK"按钮。

(8) 在当前界面中，双击打开新建好的 XDC 文件，输入相应的 FPGA 引脚约束信息和电平标准代码。如果已有源 XDC 文件，则可通过 Add Files 按钮添加。

3) 功能仿真

(1) 选择"Project Mananger"—>"add Sources"选项。

(2) 选择"add or create simulation sources"选项。

(3) 在当前界面中，选择"Create File"创建一个仿真激励文件。

(4) 在当前界面中，输入激励文件名称，单击"OK"按钮，单击"Finish"按钮，单击"OK"按钮。

(5) 在 Source 下双击打开空白的激励测试文件，完成对将要仿真的 module 的实例化和激励代码的编写。如果已有源激励文件，则可通过"Add Files"按钮添加。

(6) 进行仿真，在 Vivado 流程处理主界面 Flow Navigator 中单击 Simulation 下的"Run Simulation"选项，并选择"Run Behavioral Simulation"选项。

(7) 生成仿真结果波形图(需要截屏图片)。

注：在输入设计文件、激励文件和约束文件的过程中，如果在 Messages 窗口出现错误信息，则需要按照 Verilog HDL 语法进行改正，直到没有错误信息为止。

4) 设计综合

(1) 找到"Synthesis"选项并展开，选择"Run Synthesis"选项。

(2) 选择"Run Implementation(运行设计实现)"选项。

(3) 展开"Synthesized Design"选项。

(4) 单击"Schematic"，打开综合原理图(需要截屏图片)。

5) 工程实现

(1) 选择"Project and Debugr"—>"Generate Bitstream"选项。

(2) 执行步骤(1)后，当出现"Bitmapstream generation successfully completed" 后，把结果截屏并保留图片。

根据上述步骤完成实验报告，将实验步骤中要求的图片放到实验报告的最后。

5.4 实验

5. 实验参考程序

1）设计文件

```
module ALU4(
    input [3:0]ina,
    input [3:0]inb,
    output [3:0] out,
    input [2:0] opcode,
    input clk
    );
    reg [3:0] t;
    always @(posedge clk) begin
        case(opcode)
            3'b000:t = ina + inb;
            3'b001:t = ina - inb;
            3'b010:t = ina + 1;
            3'b011:t = ina - 1;
            3'b100:t = ina&&inb;
            3'b101:t = ina||inb;
            3'b110:t = ~ina;
            3'b111:t = ina^inb;
            default:t = 0;
        endcase
    end
    assign out = t;
endmodule
```

2）约束文件

```
//约束文件源码(下板操作需要)
## Clock signal
set_property PACKAGE_PIN E3 [get_ports clk]
set_property IOSTANDARD LVCMOS33 [get_ports clk]
##Switches
set_property PACKAGE_PIN J15 [get_ports {ina[0]}]
set_property IOSTANDARD LVCMOS33 [get_ports {ina[0]}]
set_property PACKAGE_PIN L16 [get_ports {ina[1]}]
set_property IOSTANDARD LVCMOS33 [get_ports {ina[1]}]
set_property PACKAGE_PIN M13 [get_ports {ina[2]}]
```

```
set_property IOSTANDARD LVCMOS33 [get_ports {ina[2]}]
set_property PACKAGE_PIN R15 [get_ports {ina[3]}]
set_property IOSTANDARD LVCMOS33 [get_ports {ina[3]}]
set_property PACKAGE_PIN R17 [get_ports {inb[0]}]
set_property IOSTANDARD LVCMOS33 [get_ports {inb[0]}]
set_property PACKAGE_PIN T18 [get_ports {inb[1]}]
set_property IOSTANDARD LVCMOS33 [get_ports {inb[1]}]
set_property PACKAGE_PIN U18 [get_ports {inb[2]}]
set_property IOSTANDARD LVCMOS33 [get_ports {inb[2]}]
set_property PACKAGE_PIN R13 [get_ports {inb[3]}]
set_property IOSTANDARD LVCMOS33 [get_ports {inb[3]}]
set_property PACKAGE_PIN U12 [get_ports {opcode[0]}]
set_property IOSTANDARD LVCMOS33 [get_ports {opcode[0]}]
set_property PACKAGE_PIN U11 [get_ports {opcode[1]}]
set_property IOSTANDARD LVCMOS33 [get_ports {opcode[1]}]
set_property PACKAGE_PIN V10 [get_ports {opcode[2]}]
set_property IOSTANDARD LVCMOS33 [get_ports {opcode[2]}]
## LEDs
set_property PACKAGE_PIN V15 [get_ports {out[0]}]
set_property IOSTANDARD LVCMOS33 [get_ports {out[0]}]
set_property PACKAGE_PIN V14 [get_ports {out[1]}]
set_property IOSTANDARD LVCMOS33 [get_ports {out[1]}]
set_property PACKAGE_PIN V12 [get_ports {out[2]}]
set_property IOSTANDARD LVCMOS33 [get_ports {out[2]}]
set_property PACKAGE_PIN V11 [get_ports {out[3]}]
set_property IOSTANDARD LVCMOS33 [get_ports {out[3]}]
```

3）仿真激励文件

```
module ALU4_sim( );
    reg [3:0]ina_tb;
    reg [3:0]inb_tb;
    wire [3:0]out_tb;
    reg [2:0]opcode_tb;
    reg clk;
    ALU4 t1(ina_tb,inb_tb,out_tb,opcode_tb,clk);
    initial begin
        ina_tb = {$random} % 16;
        inb_tb = {$random} % 16;
        opcode_tb = 0;
        clk = 0;
```

```
        #100opcode_tb = 000;
        #100opcode_tb = 001;
        #100opcode_tb = 010;
        #100opcode_tb = 011;
        #100opcode_tb = 100;
        #100opcode_tb = 101;
        #100opcode_tb = 110;
        #100opcode_tb = 111;
        #100 $stop;
    end
    always #50clk = ~clk;
endmodule
```

第 6 章　汇编语言编译器的使用

6.1　Emu8086 编译器的使用

汇编语言是一种以处理器指令系统为基础的低级语言，采用助记符表达指令操作码，采用标识符表示指令操作数。作为一门语言，对应于高级语言的编译器，需要一个"汇编器"来把汇编语言原文件汇编成机器可执行的代码。常用的汇编语言编译器有 Microsoft 公司的 MASM 系列和 Borland 公司的 TASM 系列编译器，还有一些小公司推出的或者免费的汇编软件包等。

其中，Emu8086 集源代码编辑器、汇编/反汇编工具以及可以运行 debug 的模拟器（虚拟机器）于一身，优于一般的编译器。Emu8086 提供了一个虚拟的 80x86 环境，拥有自己一套独立的虚拟"硬件"，可以完成一些纯软件编译器无法完成的功能，如 LED 显示、交通灯、步进电动机等等，而且动态调试（DEBUG）时非常方便。读者可以通过以下的实验，逐步熟悉 Emu8086 的使用。

6.1.1　学习使用 Emu8086 编译器

1. 实验要求

调试一小段程序，在屏幕上显示"hello world!"字符串。

2. 实验目的

(1) 熟悉汇编语言开发环境，掌握 Emu8086 软件使用方法；

(2) 了解汇编语言的程序结构、调试一个简单的程序；

(3) 理解寻址方式的意义。

3. 实验步骤

(1) 打开桌面上的 Emu8086 的图标，出现如图 6-1 所示的对话框，单击"新建"按钮。

出现如图 6-2 所示的对话框，选择编程所采用的模板。

选择不同的模板，在程序源代码中会出现如下标记：#MAKE_COM# 选择 COM 模板，#MAKE_BIN# 选择 BIN 模板。#MAKE_EXE# 选择 EXE 模板，#MAKE_BOOT# 选择 BOOT 模板。

其中 #MAKE_COM# 和 #MAKE_EXE# 是最为常用的两种模板。#MAKE_COM# 是最古老、最简单的可执行文件格式。采用 #MAKE_COM# 格式，源代码应该在 100H 后加载（即：源代码之前应有 ORG 100H）。此格式从文件的第一个字节开始执行，支持 DOS 和 Windows 命令提示符。#MAKE_EXE# 是一种更先进的可执行文件格式。源程序代码的规模不限，源代码的分段也不限，但程序中必须包含堆栈段的定义。可以选择重新建菜单中

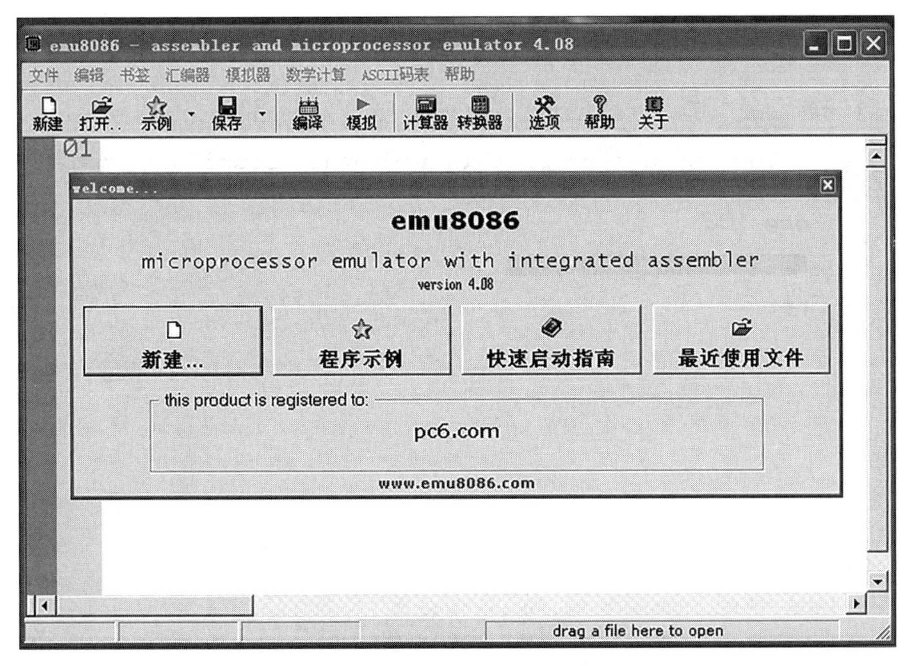

图 6-1 Emu8086 启动

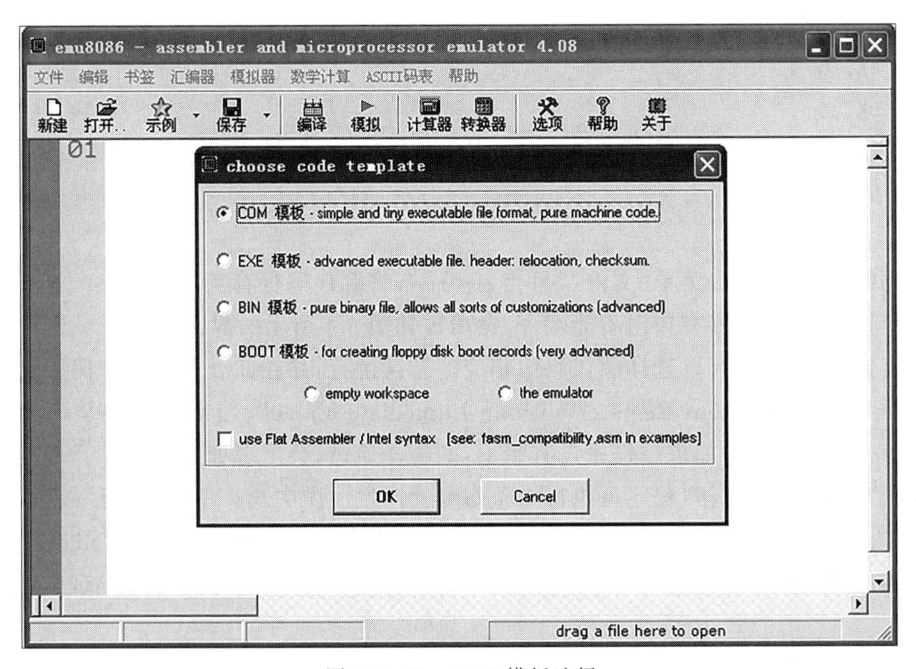

图 6-2 Emu8086 模板选择

的 EXE 模板创建一个简单的 EXE 程序,有明确的数据段、堆栈段和代码段的定义。需要在源代码中定义程序的入口点(即开始执行的位置),该格式支持 DOS 和 Windows 命令提示符。

(2) 选择 COM 模板,单击“OK”按钮,软件出现源代码编辑器的界面,如图 6-3 所示。

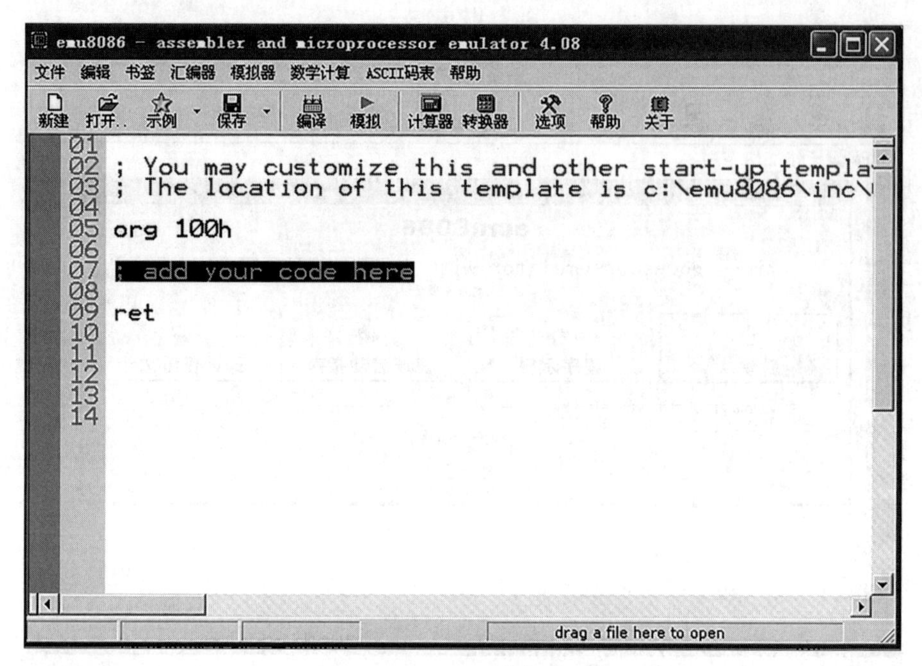

图 6-3　Emu8086 模板 COM

在源代码编辑器的空白区域，编写如下一段小程序。

```
MOV AX,10
MOV BX,20
ADD AX,BX
SUB AX,1
HLT
```

代码编写结束，单击菜单"文件""另存为……"，将源代码保存为 001.asm。单击工具栏的"模拟"按钮，如果程序有错误不能编译，会出现如图 6-4 所示的界面。

单击错误提示，就可以选择源代码中相应的错误的行，并在此处更改源代码。上例中的提示"Cannot use Segment Register with an Immediate Value"，指出的错误是不能使用立即数给段寄存器赋值。如果源程序没有错误，则编译通过，会出现如图 6-5 所示的界面。

单击"单步运行"按钮，程序每执行一条指令就产生一次中断。单击"运行"按钮，程序将从第 1 条语句直接运行到最后 1 条语句。从界面的左侧可以观察到程序运行过程中，各个寄存器的值的变化。若想查看内存区域的值，可以选择菜单"查看""内存"，出现如图 6-6 所示界面。

默认的数据段 DS=0700，若想查看数据段中偏移为 0108 的内存区域，则可以在图中的段和偏移文本框中填上适当的数值之后，按 Enter 键，如图 6-7 所示。

6.1.2　学习使用 EXE 模板

1. 实验要求

通过输入并编译一段程序了解 Emu8086 编译器 EXE 模板的使用。

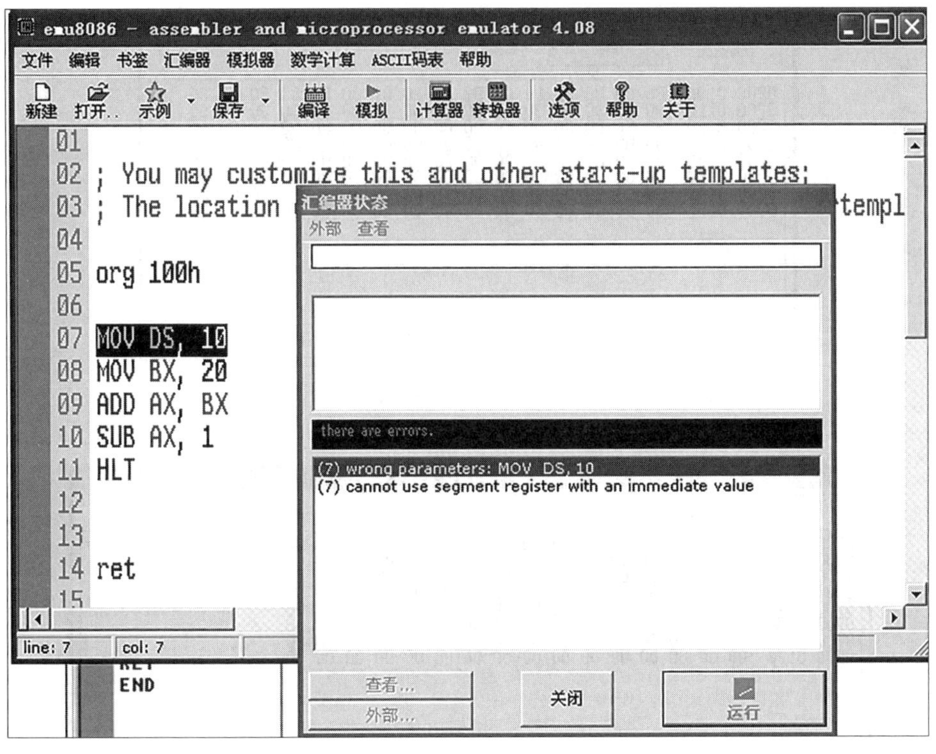

图 6-4　Emu8086 编译出错

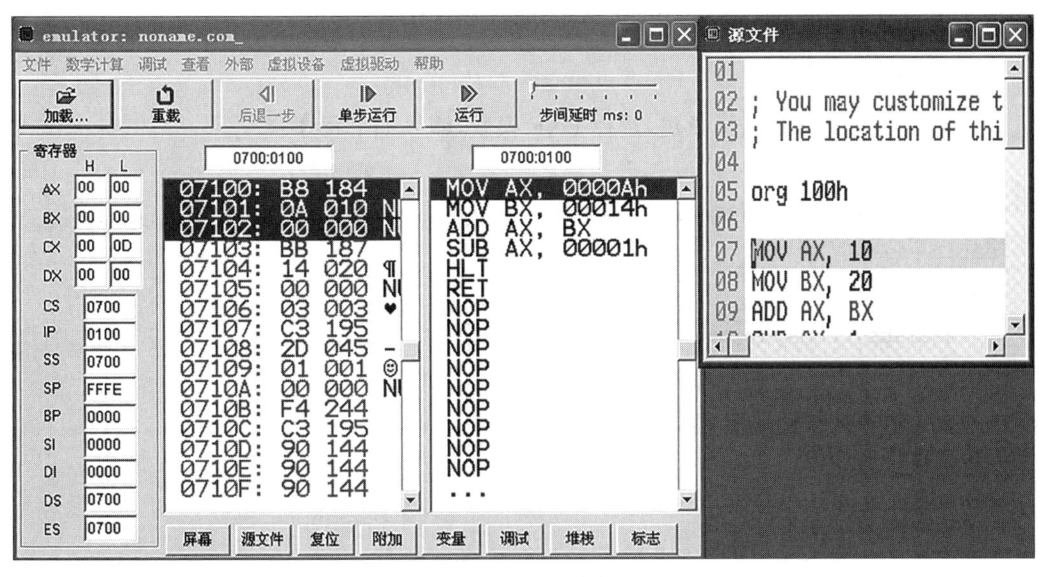

图 6-5　Emu8086 编译通过

2. 实验目的

(1) 学习 Emu8086 编译器 EXE 模板的使用；

(2) 掌握单步执行方法，并观察寄存器值的变化。

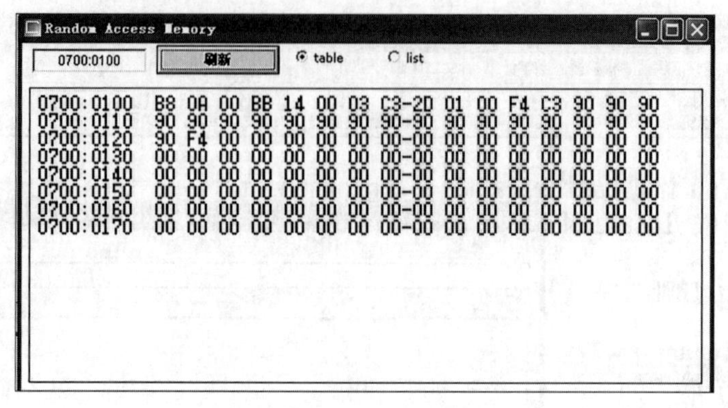

图 6-6　Emu8086 查看内存 1

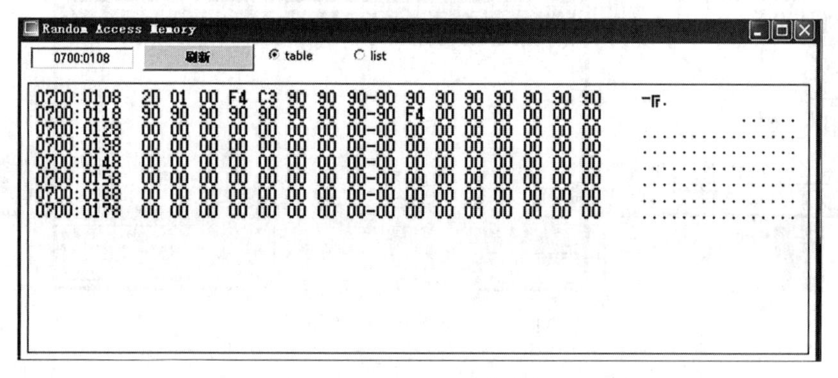

图 6-7　Emu8086 查看内存 2

3. 实验步骤

(1) 打开 Emu8086,选择新建,选择 EXE 模版,输入如下程序:

```
datas segment
  string1 db 'Hello World! ',13,10,'$'
datas ends
codes segment
  assumecs:codes,ds:datas
start:
mov ax,datas;数据段地址传送到 ax
mov ds,ax
lea dx,string1
mov ax,09h;输出字符串功能
int 21h
mov ah,4ch;结束,返回操作系统
int 21h
code ends
end start
```

（2）在 Emu8086 中调试并运行该程序。请单步执行该程序，记录下每执行一句话后相应寄存器内容的变化情况，并解释各个窗口界面的功能作用和意义。

（3）该程序运行结果是什么？

6.2　Masm for Windows 集成实验环境的使用

为了更加方便地使用 Masm 编译器，助力于编译器的国产化，国内开发者开发了 Masm for Windows 集成实验环境。Masm for Windows 集成实验环境是针对汇编语言初学者的特点而开发的汇编语言学习与实验软件，它简单易用、方便用户练习网络上、计算机上、书本上的汇编程序。集成环境支持 32 位与 64 位的操作系统 Windows 7/8/10，支持 DOS 的 16/32 位汇编程序和 Windows 下的 32 位汇编程序，功能强大且具有丰富的汇编资源。本书使用的是 Masm for Windows 集成实验环境共享版。

6.2.1　Masm for Windows 集成实验环境的安装

（1）用鼠标双击“Setup.exe”安装文件出现图 6-8 所示界面。

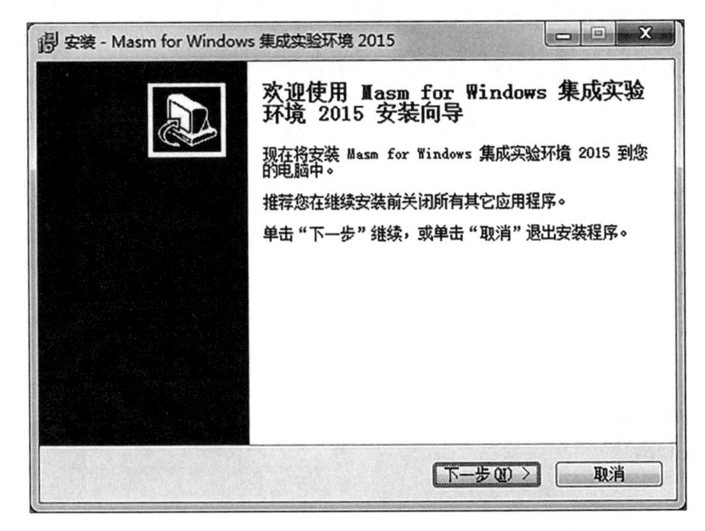

图 6-8　Masm for Windows 集成实验环境安装 1

（2）在图 6-8 中单击“下一步”按钮，然后按提示每次单击“下一步”按钮即可完成安装。

（3）如果在安装过程中出现杀毒软件（如“360”等杀毒软件）的拦截，如图 6-9 所示，在图中勾选“不再提醒”选项，再单击图中的更多按钮，出现图 6-10 所示界面，选择“允许程序所有操作”即可正常安装。

6.2.2　Masm for Windows 集成实验环境的使用

（1）在如图 6-11 所示的 Masm for Windows 集成实验环境下单击“新建”按钮。

（2）在右侧代码栏中，完成 8086 汇编程序的编写，并单击“保存”按钮，保存为一个.asm 文件。

（3）对编写的程序单击“运行”按钮进行编译、改错，直到没有错误为止。

图 6-9　Masm for Windows 集成实验环境安装 2

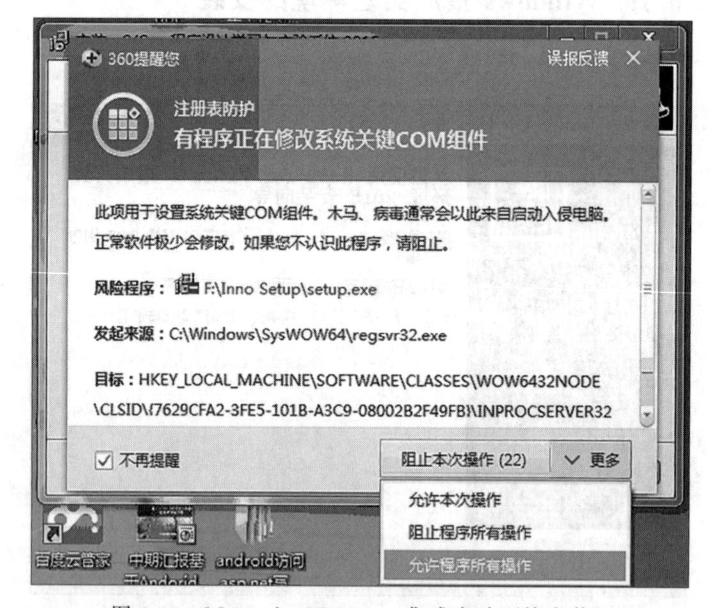

图 6-10　Masm for Windows 集成实验环境安装 3

(4) 单击“调试”按钮，选择使用如下各种调试命令调试并观察运行结果。

① 用 A 命令输入程序。

格式为：- A [address]。

例：- A 0000

该命令允许从 0000 单元开始写入汇编指令，并把它们汇编写机器代码。

② T 命令逐条运行。

- T

执行一条指令停下来，显示所有寄存器的值和下一条将要执行的指令。

③ H 检查命令。

格式：H　Value1　Value2　功能：对两个 16 进制数进行加、减，然后显示和与差。

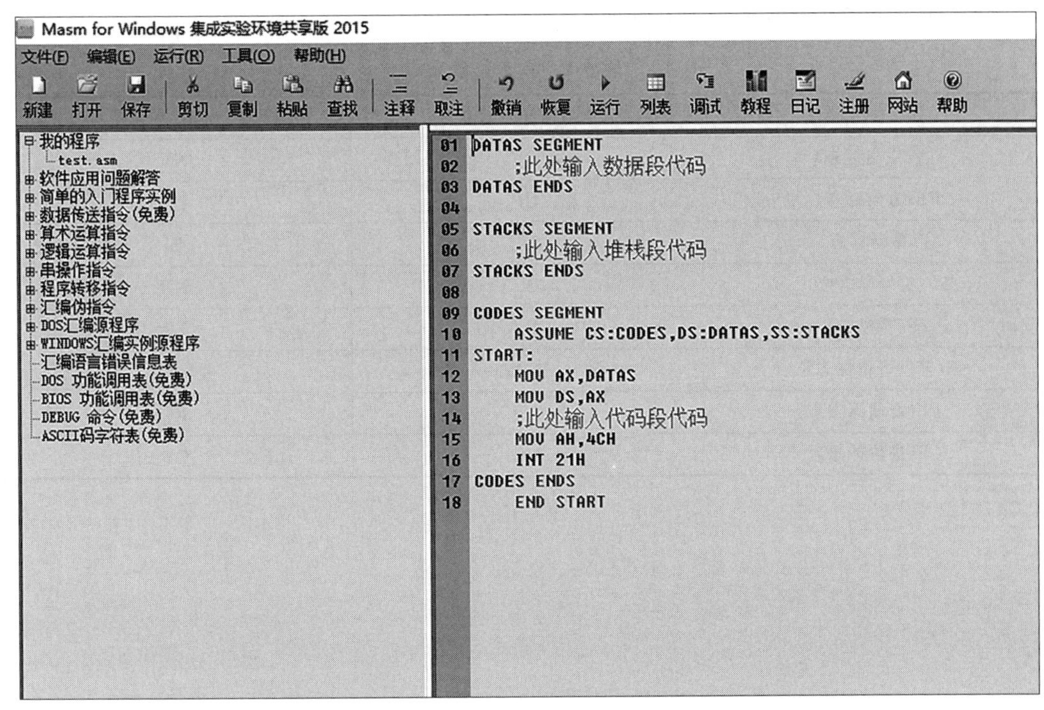

图 6-11 Masm for Windows 集成实验环境的使用

④ 用 R 命令检查各寄存器内容。

格式:R [Register name]。

功能:当 R 命令后面不带任何参数时,显示出 13 个 16 位寄存器的内容,同时又显示出标志寄存器各位状态。最后显示出下一条要执行指令地址及指令内容。

⑤ D(显示)命令:用以检验最后结果。

格式:D [address]或 D[range]。

功能:显示指定的内存单元的内容。

• 在输入的起始地址中,只输入一个相对偏移量,段地址在 DS 中。

• 若要显示指定范围的内容,则要输入显示地址的起始和结束地址。

• 如果用 D 命令时没有指定地址,则当前 D 的开始地址是前一个 D 命令所显示的最后单元后面的单元地址。注意 D 命令显示结果中右边的 ASCII 字符。

(5) E(修改)命令。

格式:E address[list]。

例:E 1000 01 02 03 04;将偏移地址 1000 至 1003 对应的单元修改为 01 02 03 04。

功能:该命令可以在指定的地址里修改一个或多个字节的内容,同时也可连续地修改多个字节的内容。

① 连续修改多个字节的内容,每修改一个单元后按空格键再修改第二个单元。

② 用给定的内容去代替指定范围的内存单元的内容。

（6）标志位含义列表如表 6-1 所示。

表 6-1　标志位含义

标志位名称	标志位的值(标志位=1)	标志位的值(标志位=0)
OF(溢出标志)	OV	NV
DF(方向标志)	UP	DN
IF(中断标志)	DI	EI
SF(符号标志位)	PL	NG
ZF(零标志)	NZ	ZR
AF(辅助进位标志位)	NA	AC
PF(奇偶标志)	PO	PE
CF(进位标志)	NC	CY

第 7 章　8086 汇编语言程序设计实验

计算机所能直接识别的语言是机器语言。机器语言的指令采用二进制“0”“1”编码表示，在计算机中每个可执行的目标文件(如.exe 文件)实际上是由一条一条机器指令构成的机器代码段。机器指令用 0 和 1 表示的一串 0/1 序列来指示 CPU 完成一个特定的操作。例如，传送指令“1011100001110110000000000”表示将 76H 存储在寄存器 AX 中。因机器语言能被计算机直接识别，无论用哪种语言编写的程序在执行时都必须转换为机器语言代码才能在计算机中运行。

虽然机器语言执行速度快，但编写烦琐，易出错，在程序设计中很少使用。汇编语言是一种采用助记符表示的程序设计语言。它的指令格式是用便于记忆的符号(如 MOV、ADD 分别表示对寄存器赋值和加法运算)代替机器语言指令中的“0”“1”编码。与机器语言相比，汇编语言便于记忆和查找错误，汇编语言还具有如下的优点：

(1) 面向机器的低级语言，通常是为特定的计算机或系列计算机专门设计的；

(2) 保持了机器语言的优点，具有直接和简洁的特点；

(3) 可有效地访问、控制计算机的各种硬件设备，如磁盘、存储器、CPU、I/O 接口等；

(4) 目标代码简短，占用内存少，执行速度快，是高效的程序设计语言。

由于具有上述的优点，汇编语言经常与高级语言配合使用，应用十分广泛。因此学习使用汇编语言是十分重要的，而通过实验是学习汇编语言较好的途径之一。

80x86 微处理器是美国 Intel 公司生产的系列微处理器，包括 Intel 8086、80286、80386、80486 等，因此其架构被称为“x86”。对应于“x86”指令集的 8086 汇编语言是至今为止使用最为广泛的汇编语言。

多家国产“x86”架构厂商在“x86”国产化方面做了很多的工作。如：X86 架构主要厂商上海兆芯集成电路有限公司，购买了完整全套的 CPU 技术，且拥有长期 Intel 的 x86 指令集授权，在取得 VIA-x86 架构后，兆芯研发了 ZXC，D、E 系列化处理器，基本达到国际主流通用处理器性能水准，可以满足我国党政单位桌面办公需求，以及 4K 超高清观影娱乐的应用。

读者可通过下面的 8086 汇编语言实验从基础学起，逐步掌握汇编语言的编程。

7.1　顺序结构程序实验

7.1.1　三个 16 位二进制数相加运算

1. 实验要求

利用 Emu8086 汇编编译器，建立 4 位十六进制加法运算的例子。

2. 实验目的

(1) 熟悉 Emu8086 编译器的使用；

(2) 掌握使用加法类运算指令编程及调试方法；

(3) 掌握加法类指令对状态标志位的影响。

3. 实验说明

本实验是三个 16 位二制数相加运算即 $N_4=N_1+N_2+N_3$。N_4 为存放结果，其中 N_1 为 2222H、N_2 为 3333H、N_3 为 4444H，所以结果应该为 9999H。

4. 实验程序流程图

三个 16 位二进制数相加运算实验流程如图 7-1 所示。

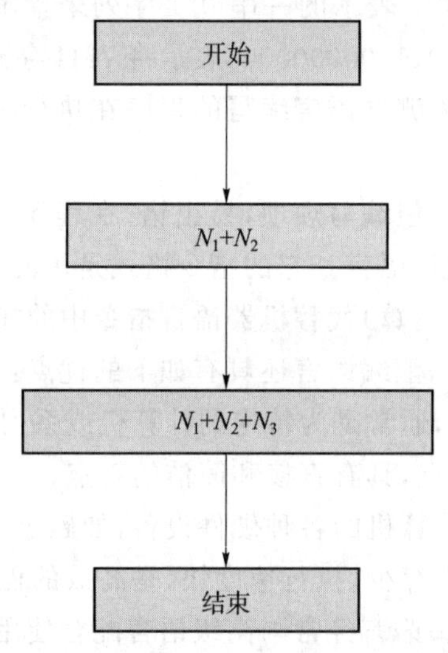

图 7-1　三个 16 位二进制数相加运算实验流程

5. 实验步骤

(1) Emu8086 的使用。

① 打开桌面上的 Emu8086 的图标；

② 选择新建；

③ 选择 exe 为编程所采用的模板。

(2) 按照框图编写程序。

(3) 调试、验证。

① 设置断点、单步运行程序，一步一步调试；

② 观察每一步运行时，各寄存器的数值变化；

③ 检查验证结果。

7.1.1 实验

6. 实验参考程序

```
CODE SEGMENT
ASSUME CS:CODE,DS:DATA
STA:MOV AX,DATA
MOV DS,AX
```

```
MOV SI,OFFSET NUM1
MOV AX,0
ADD AX,[SI + 0]
ADD AX,[SI + 2]
ADD AX,[SI + 4]
MOV [SI + 6],AX
JMP $
CODE ENDS
DATA SEGMENT
NUM1 DW 2222H;N1
NUM2 DW 3333H;N2
NUM3 DW 4444H;N3
NUM4 DW 0000H;N4
DATA ENDS
END STA
```

7.1.2 乘法减法混合运算

1. 实验要求

利用 Emu8086 汇编编译器，建立 $S=73H\times55H-37H$ 的例子。

2. 实验目的

(1) 熟悉 Emu8086 编译器的使用；

(2) 掌握使用乘法类运算指令编程及调试方法；

(3) 掌握乘法类指令对状态标志位的影响。

3. 实验说明

本实验要求编写计算 $S=73H\times55H-37H$ 的程序，式中的 3 个数均为无符号数。

4. 实验程序流程图

计算 $S=73H\times55H-37H$ 实验流程如图 7-2 所示。

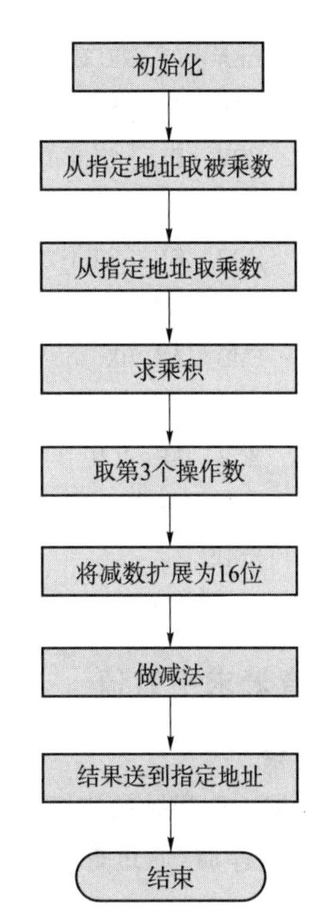

图 7-2 计算 $S=73H\times55H-37H$ 实验流程

5. 实验步骤

(1) Emu8086 的使用。

① 打开桌面上的 Emu8086 的图标；

② 选择新建；

③ 选择 exe 为编程所采用的模板。

(2) 按照框图编写程序。

(3) 调试、验证。

① 设置断点、单步运行程序，一步一步调试；

② 观察每一步运行时，各寄存器的数值变化；

③ 检查验证结果。

7.1.2 实验

6. 实验参考程序

```
DATA      SEGMENT
NUM       DB 73H,55H,37H        ;定义源操作数
RESULT    DW?                   ;定义结果存放单元
DATA      ENDS
;
CODE      SEGMENT
          ASSUME CS:CODE,DS:DATA
START:    MOV  AX,DATA
          MOV  DS,AX            ;初始化数据段寄存器
          LEA  SI,NUM           ;NUM 的偏移地址送 SI
          LEA  DI,RESULT        ;RESULT 偏移地址送 DI
          MOV  AL,[SI]          ;AL←73H
          MOV  BL,[SI+1]        ;BL←55H
          MUL  BL,              ;AX←73H*55H
          MOV  BL,[SI+2]        ;BL← 37H
          MOV  BH,0             ;BH← 0
          SUB  AX,BX            ;AX← 73H*55H-37H
          MOV  [DI],AX          ;结果 S 送 RESULT 单元
          MOV  AH,4CH           ;返回 DOS
          INT 21H
CODE      ENDS
          END START
```

7.1.3 查表求平方值

1. 实验要求

内存自 TABLE 开始的连续 16 个单元中存放着 1～16 的平方值(称为平方表)，利用 Emu8086 汇编编译器，通过查表求 DATA 中任意数 X($1 \leqslant X \leqslant 16$)的平方值，并将结果放 RESULT 中。

2. 实验目的

(1) 熟悉 Emu8086 编译器的使用；

(2) 掌握使用查表指令编程及调试方法。

3. 实验说明

由表的存放规律可知，表的起始地址与数 X-1 的和就是 X 的平方值所在单元的地址。

4. 实验步骤

(1) Emu8086 的使用。

① 打开桌面上的 Emu8086 的图标；

② 选择新建；

③ 选择 exe 为编程所采用的模板。

(2) 编写实验流程图及实验程序。

(3) 调试、验证。

① 设置断点、单步运行程序，一步一步调试；

② 观察每一步运行时，各寄存器的数值变化；

③ 检查验证结果。

7.1.3 实验

5. 实验参考程序

```
DSEG        SEGMENT
TABLE       DB   1,4,9,16,25,36,49,64,81,
                 100,121,144,169,196,225,256           ;定义平方表
DATA        DB   ?
RESULT      DB   ?                                     ;定义结果存放单元
DSEG        ENDS
SSEG    SEGMENT    STACK'STACK'
DB 100 DUP(?)                                          ;定义堆栈空间
SSEG ENDS
CSEG        SEGMENT
            ASSUME   CS:CSEG,DS:DSEG,SS:SSEG
BEGIN:      MOV   AX,DSEG                              ;初始化数据段
            MOV   DS,AX
            MOV   AX,SSEG                              ;初始化堆栈段
            MOV   SS,AX
            LEA    BX,TABLE                            ;置数据指针
            MOV   AH,0
            MOV   AL,DATA                              ;取待查数
            DEC AL                                     ;减 1
            ADD   BX,AX                                ;查表
            MOV   AL,[BX]
            MOV RESULT,AL                              ;平方数存 RESULT 单元
            MOV AH,4CH
            INT 21H
DSEG        ENDS
            END BEGIN
```

7.2 循环程序实验

7.2.1 LOOP 语句的使用

1. 实验要求

利用 Emu8086 汇编编译器，要求通过 LOOP 语句对 AX 进行累加，从而建立循环程序的例子。

2. 实验目的

(1) 熟悉 Emu8086 编译器的使用；

(2) 掌握使用 LOOP 判断转移指令实验循环的方法；

(3) 掌握使用 LOOP 与 CX 的组合。

3. 实验说明

本实验先给 CX 赋一个值，再通过 LOOP 判断 CX-1 是否为 0，从而决定是否转移，实现程序的循环，循环的内容是执行 AX+1，AX 的最后大小为开始给 CX 的赋值。

4. 实验程序流程图

LOOP 语句的使用实验流程如图 7-3 所示。

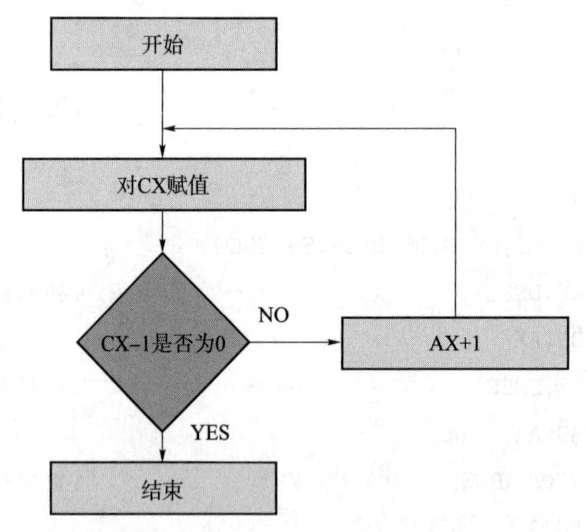

图 7-3 LOOP 语句的使用实验流程

5. 实验步骤

(1) Emu8086 的使用。

① 打开桌面上的 Emu8086 的图标；

② 选择新建；

③ 选择 exe 为编程所采用的模板。

(2) 按照框图编写程序。

(3) 调试、验证。

① 设置断点、单步运行程序，一步一步调试；

② 观察每一步运行时，各寄存器的数值变化；

③ 检查验证结果。

7.2.1 实验

6. 实验参考程序

```
CODE SEGMENT
ASSUME CS:CODE
STA:
MOV AX,0
MOV CX,10
INC_AX:NOP
INC AX
LOOPINC_AX
JMP $
CODE ENDS
END STA
```

7.2.2　100 个 16 位无符号数的排序

1. 实验要求

利用 Emu8086 汇编编译器，把从 MEM 单元开始的 100 个 16 位无符号数按从大到小的顺序排列。

2. 实验目的

(1) 熟悉 Emu8086 编译器的使用；

(2) 掌握使用 LOOP 判断转移指令实验循环的方法；

(3) 掌握使用 LOOP 与 CX 的组合。

3. 实验说明

(1) 这是一个排序问题，由于是无符号数的比较，可以直接用比较指令 CMP 和条件转移指令 JNC 来实现。

(2) 这是一个双重循环程序，先使第一个数与下一个数比较，若大于则使其位置保持不变，小于则将大数放低地址，小数放高地址(即两数交换位置)。

(3) 以上完成了一次排序工作，再通过第二重的 99 次循环，即可实现对 100 个无符号数的大小排序。

4. 实验步骤

(1) Emu8086 的使用。

① 打开桌面上的 Emu8086 的图标；

② 选择新建；

③ 选择 exe 为编程所采用的模板。

(2) 按照实验要求及说明编写实验程序流程图及实验程序。

(3) 调试、验证。

① 设置断点、单步运行程序，一步一步调试；

② 观察每一步运行时，各寄存器的数值变化；

③ 检查验证结果。

7.2.2 实验

5. 实验参考程序

```
DSEG    SEGMENT
MEM     DW 100 DUP (?)              ;假定要排序的数已存入这100个字单元中
DSEG    ENDS
CSEG    SEGMENT
        ASSUME  CS:CSEG,DS:DSEG
      START:MOV  AX,DSEG
            MOV  DS,AX
            LEA  DI,MEN             ;DI指向待排序数的首址
            MOV  BL,99              ;外循环只需99次即可
                                    ;外循环体从这里开始
NEXT1:  MOV  SI,DI                  ;SI指向当前要比较的数
        MOV  CL,BL                  ;CL为内循环计数器
                                    ;以下为内循环
NEXT2:  MOV  AX,[SI]                ;取第一个数Ni
        ADD  SI,2                   ;指向下一个数Nj
        CMP  AX,[SI]                ;Ni>=Nj?
        JNC  NEXT3                  ;若大于,则不交换
        MOV  DX,[SI]                ;否则,交换Ni和Nj
        MOV  [SI-2],DX
        MOV  [SI],AX
NEXT3:  DEC  CL                     ;内循环结束?
        JNZ  NEXT2                  ;若未结束,则继续
                                    ;内循环到此结束
        DEC  BL                     ;外循环结束?
        JNZ  NEXT1                  ;若未结束,则继续
                                    ;外循环体结束
        MOV  AH,4CH                 ;返回DOS
        INT  21H
CSEG    ENDS
        END  START
```

7.3 分支程序实验

7.3.1 CMP语句的使用

1. 实验要求

利用Emu8086汇编编译器,建立通过使用CMP指令比较两个变量的大小,实现条件转移的例子。

2. 实验目的

(1) 熟悉 Emu8086 编译器的使用;

(2) 掌握使用转移类指令编程及调试方法;

(3) 掌握各种标志位的影响。

3. 实验说明

本实验要求通过比较两个变量 VAR_A 和 VAR_B 的大小,使用 CMP 指令实现对于大于、等于和小于条件的转移。

4. 实验程序流程图

CMP 语句的使用实验流程如图 7-4 所示。

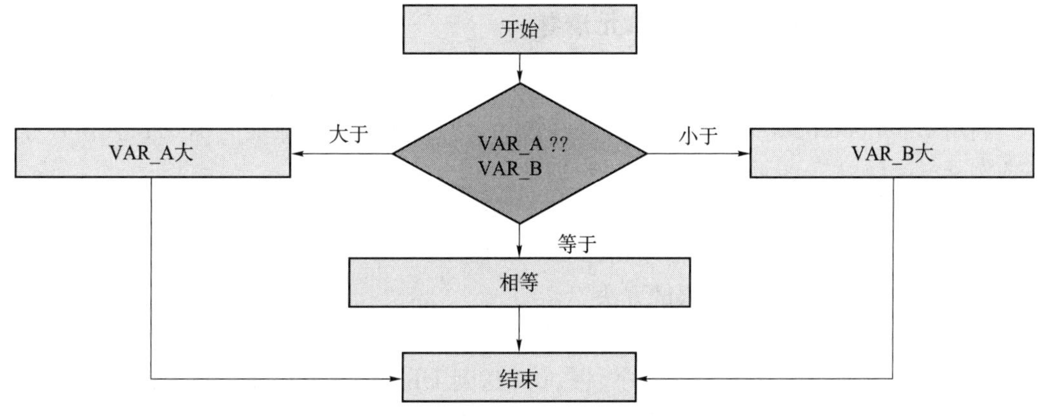

图 7-4　CMP 语句的使用实验流程

5. 实验步骤

(1) Emu8086 的使用。

① 打开桌面上的 Emu8086 的图标;

② 选择新建;

③ 选择 exe 为编程所采用的模板。

(2) 按照框图编写程序。

(3) 调试、验证。

① 设置断点、单步运行程序,一步一步调试;

② 观察每一步运行时,各寄存器的数值变化;

③ 检查验证结果。

7.3.1 实验

6. 实验参考程序

```
CODE SEGMENT
ASSUME CS:CODE
VAR_A EQU 30
VAR_B EQU 15
STA:
MOV AX,VAR_A
MOV BX,VAR_B
```

```
CMP AX,BX
JNC BG        ;AX>BX 跳转
JE EQUA       ;AX = BX 跳转
JC LES        ;AX<BX 跳转
BG:JMP $
EQUA:JMP $
LES:JMP $
CODE ENDS
END STA
```

7.3.2 数据区 100 个字节单元清零

1. 实验要求

利用 Emu8086 汇编编译器，建立将数据区中以 Ubufer 为首地址的 100 个字节单元清零的例子。

2. 实验目的

(1) 熟悉 Emu8086 编译器的使用；

(2) 掌握分支程序编程及调试方法。

3. 实验说明

这是一个有两个分支的分支程序，将 00H 送到 Ubufer 起始的每个单元。每送一个字节判断一下计数值是否到 100，若不等于 100 则继续送，否则就结束，退出该程序段。

4. 实验步骤

(1) Emu8086 的使用。

① 打开桌面上的 Emu8086 的图标；

② 选择新建；

③ 选择 exe 为编程所采用的模板。

(2) 按照实验要求及说明编写实验程序流程图及实验程序。

(3) 调试、验证。

① 设置断点、单步运行程序，一步一步调试；

② 观察每一步运行时，各寄存器的数值变化；

③ 检查验证结果。

7.3.2 实验

5. 实验参考程序

```
DATA    SEGMENT
Ubufer  DB 100 DUP(?)
COUNT   DW 100                      ;定义地址区长度
DATA    ENDS
STACK   SEGMENT
        DW 32 DUP(?)
STACK   ENDS
CODE    SEGMENT
```

```
        ASSUME CS:CODE,DS:DATA,SS:STACK
START:  MOV   AX,DATA
        MOV   DS,AX                    ;初始化数据段
        MOV   AX,STACK
        MOV   SS,AX                    ;初始化堆栈段
        MOV   CX,COUNT
        LEA    BX,Ubufer
        ADD   CX,BX
AGAIN:     MOV   BYTE  PTR[BX],0       ;实现 100 个单元清零
           INC BX
           CMP BX,CX
           JB  AGAIN
           MOV AH,4CH
           INT 21H
CODE       ENDS
           END   START
```

7.3.3　学生成绩统计

1. 实验要求

在当前数据段中 DATA1 开始的顺序 100 个单元中，存放着 100 位同学某门功课的考试成绩(0～100)。编写程序统计≥90 分、80～89 分、70～79 分、60～69 分以及<60 分的人数，并将结果放到同一数据段的 DATA2 开始的 5 个单元中。

2. 实验目的

(1) 熟悉 Emu8086 编译器的使用；

(2) 掌握分支程序编程及调试方法。

3. 实验说明

(1) 这是一个具有多个分支的分支程序。需要将每一位学生的成绩依次与 90、80、70、60 进行比较，因是无符号数，所以用 CF 标志作为分支条件，相应指令为 JC。

(2) 由于对每一位学生的成绩都要进行判断，所以需要用循环来处理，每次循环处理一个学生的成绩。

(3) 因为无论成绩还是学生人数都不超过一个字节所能表示的数的范围，故所有定义的变量均为字节类型。

(4) 统计结果可用一个数组存放，元素 0 存放 90 分以上的人数，元素 1 存放 80 分以上的人数，元素 2 存放 70 分以上的人数，元素 3 存放 60 分以上的人数，元素 4 存放 60 分以下的人数。

4. 实验步骤

(1) Emu8086 的使用。

① 打开桌面上的 Emu8086 的图标；

② 选择新建；

③ 选择 exe 为编程所采用的模板。

(2) 按照实验要求及说明编写实验程序流程图和实验程序。

(3) 调试、验证。

① 设置断点、单步运行程序,一步一步调试;

② 观察每一步运行时,各寄存器的数值变化;

③ 检查验证结果。

7.3.3 实验

5. 实验参考程序

```
DATA    SEGMENT
DATA1   DB  100  DUP(?)          ;假定学生成绩已放入这 100 个单元中
DATA2   DB  5   DUP(0)           ;统计结果:≥90、80~89、70~79、60~69、<60
DATA    ENDS
CODE    SEGMENT
        ASSUME CS:CODE,DS:DATA
START:  MOV   AX,DATA
        MOV   DS,AX
        MOV   CX,100             ;统计人数送 CX
        LEA   SI,DATA1           ;SI 指向学生成绩
        LEA   DI,DATA2           ;DI 指向统计结果
AGAIN:  MOV   AL,[SI]            ;取一个学生的成绩
        CMP   AL,90              ;大于 90 分吗?
        JC    NEXT1              ;若不大于,继续判断
        INC   BYTE  PTR[DI]      ;否则 90 分以上的人数加 1
        JMP   STO                ;转循环控制处理
NEXT1:  CMP   AL,80              ;大于 80 分吗?
        JC    NEXT2              ;若不大于,继续判断
        INC   BYTE PTR[DI+1]     ;否则 80 分以上的人数加 1
        JMP   STO                ;转循环控制处理
NEXT2:  CMP   AL,70              ;大于 70 分吗?
        JC    NEXT3              ;若不大于,继续判断
        INC   BYTE PTR[DI+2]     ;否则 70 分以上的人数加 1
        JMP   STO                ;转循环控制处理
NEXT3:  CMP   AL,60              ;大于 60 分吗?
        JC    NEXT4              ;若不大于,继续判断
        INC   BYTE PTR[DI+3]     ;否则 60 分以上的人数加 1
        JMP   STO                ;转循环控制处理
NEXT4:  INC   BYTE PTR[DI+4]     ;60 分以下的人数加 1
STO:    INC   SI                 ;指向下一个学生成绩
        LOOP  AGAIN              ;循环,直到所有成绩都统计完
        MOV   AH,4CH             ;返回 DOS
```

```
        INT   21H
CODE    ENDS
        END   START
```

7.4　子程序实验

7.4.1　16 位二进制数转换为 ASCII 码

1. 实验要求

利用 Emu8086 汇编编译器,建立调用子程序的例子。

2. 实验目的

(1) 熟悉 Emu8086 编译器的使用;

(2) 掌握使用子程序类指令编程及调试方法;

(3) 掌握各种标志位的影响。

3. 实验说明

编写 8086 汇编程序,将一个 16 位二进制数转换成用 ASCII 码表示的十进制数。

4. 实验程序流程图

主程序:16 位二进制数转换为 ASCII 码主程序流程如图 7-5 所示。

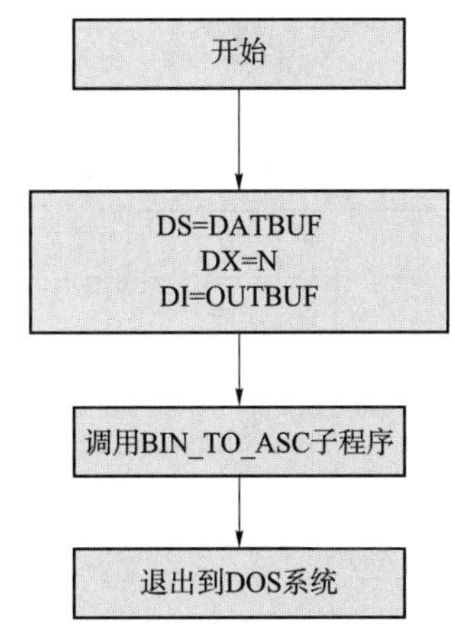

图 7-5　16 位二进制数转换为 ASCII 码主程序流程

子程序:16 位二进制数转换为 ASCII 码子程序流程如图 7-6 所示。

5. 实验步骤

7.4.1 实验

(1) Emu8086 的使用。

① 打开桌面上的 Emu8086 的图标;

② 选择新建;

③ 选择 exe 为编程所采用的模板。

(2) 按照框图编写程序。

(3) 调试、验证。

① 设置断点、单步运行程序,一步一步调试;

② 观察每一步运行时,各寄存器的数值变化;

③ 检查验证结果。

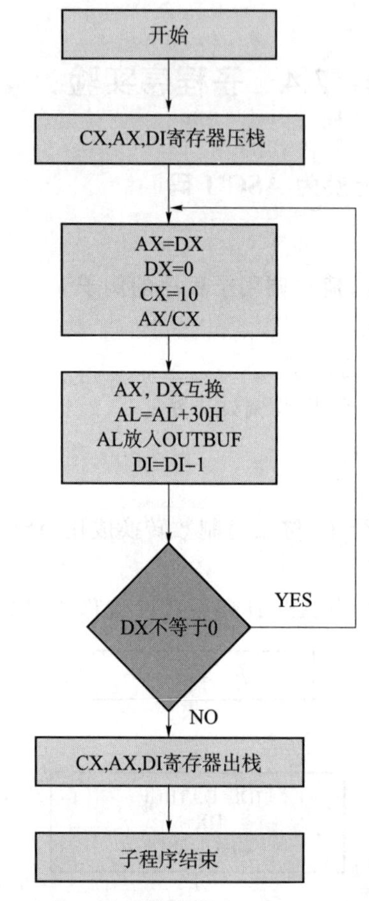

图 7-6　16 位二进制数转换为 ASCII 码子程序流程

6. 实验参考程序

```
DATBUF SEGMENT
  OUTBUF DB 5 DUP(30H)
  N EQU 6789
DATBUF ENDS
CONVERT SEGMENT
MAIN PROC FAR
  ASSUME CS:CONVERT,DS:DATBUF
STA:MOV AX,DATBUF
MOV DS,AX
MOV DX,N
MOV DI,OFFSET OUTBUF
CALL BIN_TO_ASC
```

```
MOV AX,4C00H
INT 21H
MAIN ENDP

BIN_TO_ASC PROC NEAR
PUSH CX
PUSH AX
PUSH DI
BINTOA:MOV AX,DX
MOV DX,0
MOV CX,10
DIV CX
XCHG AX,DX
ADD AL,30H
MOV [DI],AL
DEC DI
CMP DX,0
JNZ BINTOA
POP DI
POP AX
POP CX
RET
BIN_TO_ASC ENDP
CONVERT ENDS
END STA
```

7.4.2　从一个字符串中删去一个字符

1. 实验要求

利用 Emu8086 汇编编译器,编程实现从一个字符串中删去一个字符的例子。

2. 实验目的

(1) 熟悉 Emu8086 编译器的使用;

(2) 掌握使用子程序类指令编程及调试方法;

(3) 掌握各种标志位的影响。

3. 实验说明

这里,可以利用堆栈的方式来实现参数的传递,即在调用程序中将参数或参数地址保存在堆栈中,在子程序里再从堆栈中取出,从而实现参数的传送。

4. 实验步骤

(1) Emu8086 的使用。

① 打开桌面上的 Emu8086 的图标;

② 选择新建；

③ 选择 exe 为编程所采用的模板。

(2) 按照实验要求及说明编写实验程序流程图和实验程序。

(3) 调试、验证。

① 设置断点、单步运行程序，一步一步调试；

② 观察每一步运行时，各寄存器的数值变化；

③ 检查验证结果。

7.4.2 实验

5. 实验参考程序

```
DATA      SEGMENT
STRING    DB   'Hello world'
LENGTH    DW   $—STRING                ;取字符串的长度
KEYCHAR   DB   'e'                     ;要从字符串中删去的字符
DATA      ENDS
CODE      SEGMENT
          ASSUME  CS:CODE,DS:DATA,ES:DATA
MAIN      PROC FAR
START:    MOV  AX,DATA
          MOV  DS,AX
          MOV  ES,AX
          LEA  BX,STRING
          LEA  CX,LENGTH
          PUSH BX
          PUSH CX                      ;将 STRING 和 LENG 的地址压栈
          MOV  AL,KEYCHAR
          CALL DELCHAR                 ;调用删除一个字符的子程序
          MOV  AH,4CH
          INT  21H
MAIN      ENDP
DELCHAR   PROC
          PUSH BP                      ;保存 BP 内容
          MOV  BP,SP                   ;将 BP 指向当前栈顶
          PUSH SI
          PUSH DI
          CLD
          MOV  SI,[BP+4]               ;得到 LENG 地址
          MOV  CX,[SI]                 ;取串长度
          MOV  DI,[BP+6]               ;得到 STRING 地址
          REPNE  SCASB                 ;查找待删除的字符
          JNE  DONE                    ;若没有找到则退出
```

```
        MOV   SI,[BP + 4]
        DEC   WORD PTR[SI]          ;串长度减 1
        MOV   SI,DI
        DEC   DI
        REP   MOVSB                 ;被删除字符后的字符依次向前移位
DONE:   POP   DI                    ;恢复寄存器内容
        POP   SI
        POP   BP
        RET                         ;返回
DELCHAR ENDP
   CODE ENDS
        END   START
```

7.5　Masm for Windows 集成实验环境实验

1. 实验要求

利用 Masm for Windows 集成实验环境，建立 4 位十六进制加法运算的例子。

2. 实验目的

(1) 熟悉 Masm for Windows 集成实验环境共享版的使用；

(2) 掌握使用加法类运算指令编程及调试方法；

(3) 掌握加法类指令对状态标志位的影响。

3. 实验说明

本实验是三个 16 位二制数相加运算即 $N_4=N_1+N_2+N_3$。N_4 为存放结果，其中 N_1 为 1111H、N_2 为 3333H、N_3 为 4444H，所以结果应该为 8888H。

4. 实验程序流程图

三个 16 位二进制数相加运算实验流程如图 7-7 所示。

5. 实验步骤

三个 16 位二进制数相加汇编程序的编写步骤如图 7-8 所示。

(1) 在如图 7-8 所示的 Masm for Windows 集成实验环境下新建文件，将实验参考程序复制到右侧代码栏中，对实验参考程序进行运行、编译和改错，直到没有错误为止；

(2) 单击“调试”按钮，用 t 命令单步调试并观察运行结果；

(3) 如果运行结果在寄存器中，则用 t 命令调试出结果后，截屏并保存图片；

(4) 如果运行结果在内存中，则用 t 命令调试出结果后，再用 d 命令显示出结果，截屏并保存图片，格式为：d 结果地址；

(5) 问题：当执行 MOV [SI+6],AX 后，OF、SF、ZF、AF、PF、CF 的值是多少？

7.5.1 实验

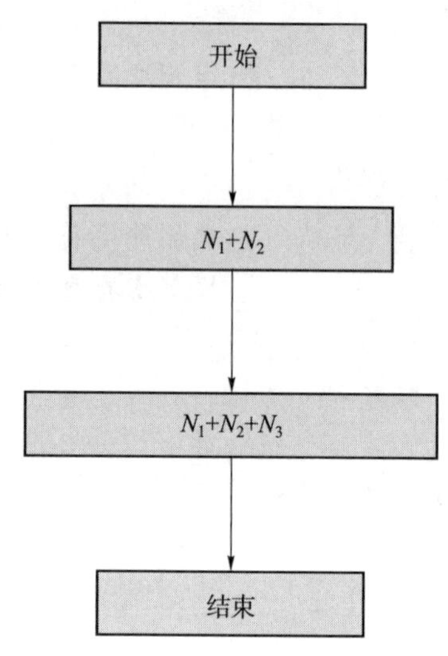

图 7-7　三个 16 位二进制数相加运算实验流程

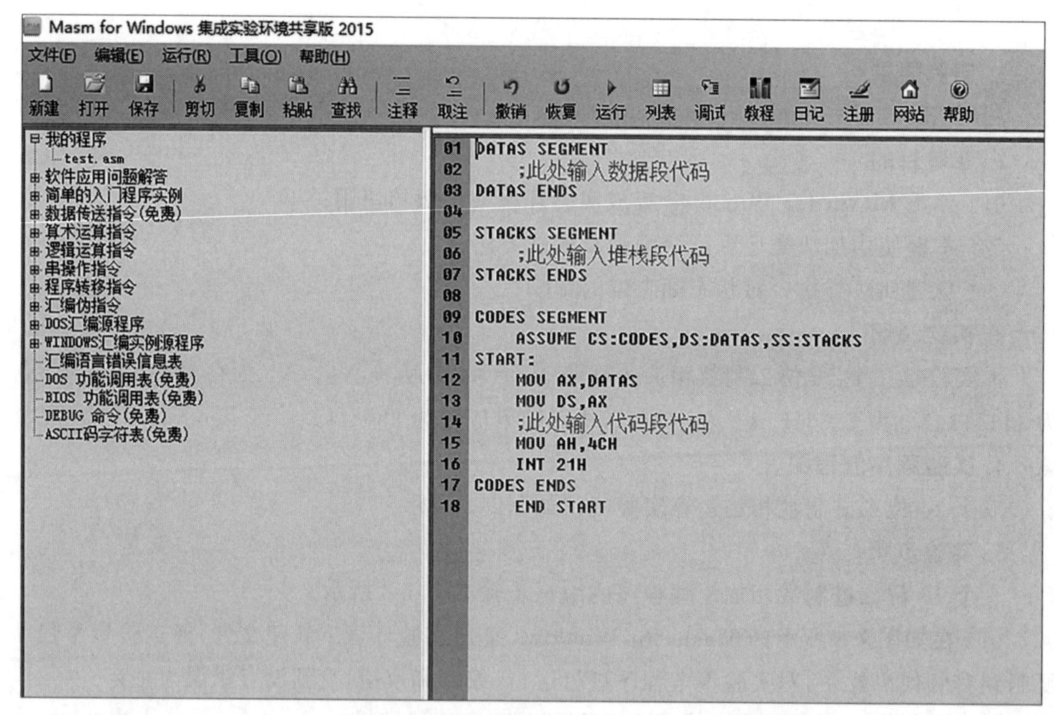

图 7-8　三个 16 位二进制数相加汇编程序的编写步骤

6. 实验参考程序

```
CODE SEGMENT
ASSUME CS:CODE,DS:DATA
STA:MOV AX,DATA
MOV DS,AX
MOV SI,OFFSET NUM1
```

```
MOV AX,0
ADD AX,[SI + 0]
ADD AX,[SI + 2]
ADD AX,[SI + 4]
MOV [SI + 6],AX              ;t 命令运行到此
JMP $
CODE ENDS
DATA SEGMENT
NUM1 DW 1111H;N1
NUM2 DW 3333H;N2
NUM3 DW 4444H;N3
NUM4 DW 0000H;N4
DATA ENDS
END STA
```

第8章　存储器、单周期CPU及输入输出实验

本章主要包括存储器、单周期CPU及输入输出实验的主要内容，实验目的是通过实验使学生理解并掌握存储器、CPU、计算机输入/输出原理及基本设计方法。本章要求按照实验步骤完成实验，并将要求的图片放到实验报告的最后。

8.1　用Verilog HDL设计SDRAM

1. 实验目的

(1) 熟悉Vivado编译环境，掌握SDRAM设计流程；

(2) 了解在Vivado环境下运用Verilog HDL语言的编程开发流程，包括源程序的输入、编译、模拟仿真及程序下载；

(3) 掌握使用Vivado、FPGA开发板实验的基本流程。

2. 实验内容

(1) 设计一个32×8位的同步动态随机存储器(SDRAM)，编写Verilog HDL设计文件、仿真激励文件；

(2) 掌握Vivado编译环境的使用；

(3) 理解并掌握Verilog HDL语言的编程开发流程。

3. 实验要求

(1) 在Vivado环境下完成对电路工作情况的仿真模拟；

(2) 完成实验的设计综合。

4. 实验步骤

1) 新建工程

(1) 打开Vivado开发工具。

(2) 单击Create New Project。

(3) 输入工程名，选择工程存储路径。

(4) 选择“RTL Project”选项，并勾选“Do not specify sources at this time”选项。

(5) 根据使用的FPGA开发平台，选择对应的FPGA目标器件。

(6) 确认相关信息与设计所用的FPGA器件信息是否一致，一致请单击“Finish”按钮，否则返回上一级修改。

2) 设计文件的输入

(1) 单击“Project Mananger”=>“add Sources”。

(2) 选择“add or create design sources”选项。

(3) 单击“Create File”。

(4) 在“Create Source File”对话框中输入 File Name,单击“OK”按钮,单击“Finish”按钮,单击“OK”按钮。

(5) 新建的设计文件即存在于“Sources”下的“Design Sources”中。双击打开该文件,打开后输入该文件的设计代码。如果有多个设计文件则需要多次新建、输入。如果有现有的源设计文件,则可通过“Add Files”按钮添加。

(6) 添加约束文件。单击“Project Mananger”->“add Sources”,选择第一项“Add or Create Constraints”选项,单击“Next”按钮。

(7) 在当前界面中,单击“Create File”,新建一个 XDC 文件,输入 XDC 文件名,单击“OK”按钮,单击“Finish”按钮,单击“OK”按钮。

(8) 在当前界面中,双击打开新建好的 XDC 文件,输入相应的 FPGA 引脚约束信息和电平标准代码。如果已有源 XDC 文件,则可通过“Add Files”按钮添加。

3) 功能仿真

(1) 单击“Project Mananger”->“add Sources”。

(2) 选择“add or create simulation sources”选项。

(3) 在当前界面中,选择“Create File”创建一个仿真激励文件。

(4) 在当前界面中,输入激励文件名称,单击“OK”按钮,单击“Finish”按钮,单击“OK”按钮。

(5) 在“Source”下双击打开空白的激励测试文件,完成对将要仿真的“module”的实例化和激励代码的编写。如果已有源激励文件,则可通过“Add Files”按钮添加。

(6) 进行仿真,在 Vivado 流程处理主界面 Flow Navigator 中单击“Simulation”下的“Run Simulation”选项,并选择“Run Behavioral Simulation”选项。

(7) 生成仿真结果波形图(需要截屏图片)。

注:在输入设计文件、激励文件和约束文件的过程中,如果在 Messages 窗口出现错误信息,则需要按照 Verilog HDL 语法进行改正,直到没有错误信息为止。

4) 设计综合

(1) 找到“Synthesis”选项并展开,选择“Run Synthesis”选项。

(2) 选择“Run Implementation(运行设计实现)”。

(3) 展开“Synthesized Design”选项。

(4) 单击“Schematic”,打开综合原理图(需要截屏图片)。

(5) 根据上述步骤完成实验报告,将实验步骤中要求的图片放到实验报告的最后。

8.1 实验

5. 实验参考程序

1) 设计文件

```
module SDRAM (clk              //Clock Input
  address                      //Address Input
  data                         //Data bi - directional
  cs                           //Chip Select
  we                           //Write Enable/Read Enable
  oe                           //Output Enable
  );
```

```
  parameter DATA_WIDTH = 8;    parameter ADDR_WIDTH = 8;
  parameter RAM_DEPTH = 1<<ADDR_WIDTH;
  //--------------- Input Ports -----------------------
  input         clk,cs,we,oe;
  input [ADDR_WIDTH - 1:0] address;
  //--------------- Inout Ports -----------------------
  inout [DATA_WIDTH - 1:0]   data;
  //--------------- Internal variables ----------------
  reg [DATA_WIDTH - 1:0]data_out;
  reg [DATA_WIDTH - 1:0] mem [0:RAM_DEPTH - 1];
  reg oe_r;
//--------------- Code Starts Here ------------------
   //Tri - State Buffer control.output:When we = 0,oe = 1,cs = 1
   assign data = (cs &&oe &&  ! we)? data_out:8'bz;
   //Memory Write Block.  Write Operation:When we = 1,cs = 1
   always @ (posedge clk)
   begin:MEM_WRITE
      if (cs && we) begin   mem[address] = data;     end
  end
   //Memory Read Block. Read Operation:When we = 0,oe = 1,cs = 1
   always @ (posedge clk)
   begin:MEM_READ
      if (cs &&  ! we &&oe) begin   data_out = mem[address];     oe_r = 1;     end
          else begin oe_r = 0;    end
   end
endmodule
```

2) 仿真激励文件

```
'timescale 1ns/1ns
moduletest_sdram;
  parameter DATA_WIDTH = 8;  parameter ADDR_WIDTH = 8;
  parameter RAM_DEPTH = 1<<ADDR_WIDTH;
  //--------------- Input Ports -----------------------
  regclk,cs,we,oe;
  wire [DATA_WIDTH - 1:0]   data;
  //--------------- Inout Ports -----------------------
  reg [DATA_WIDTH - 1:0]data_reg;
  //--------------- Internal variables ----------------
  reg [ADDR_WIDTH - 1:0] address,i;
```

```
initial begin
    for(i=0;i<256;i=i+1)
    begin #100 clk=0;cs=0;we=0;oe=0;  #100 address=i;data_reg=i+2;
            #100clk=1;cs=1;we=0;oe=0;
    end end
  assign data=data_reg;
SDRAM m(.clk(clk),.address(address),.data(data),.cs(cs),.we(we),.oe(oe));
endmodule
```

8.2 用 Verilog HDL 设计 ROM

1. 实验目的

(1) 熟悉 Vivado 编译环境,掌握 ROM 设计流程。

(2) 了解在 Vivado 环境下运用 Verilog HDL 语言的编程开发流程,包括源程序的输入、编译、模拟仿真及程序下载。

(3) 掌握使用 Vivado、FPGA 开发板实验的基本流程。

2. 实验内容

(1) ROM 是一种重要的时序逻辑存储电路,它的逻辑功能是在地址信号的选择下,从指定存储单元中读取相应的数据。ROM 只能进行数据的读取,而不能修改或写入新的数据,本实验要求设计一个 16×8 位的 ROM 存储器,编写 Verilog HDL 设计文件、仿真激励文件。

(2) 掌握 Vivado 编译环境的使用。

(3) 理解并掌握 Verilog HDL 语言的编程开发流程。

3. 实验要求

(1) 在 Vivado 环境下完成对电路工作情况的仿真模拟。

(2) 完成实验的设计综合。

4. 实验步骤

1) 新建工程

(1) 打开 Vivado 开发工具。

(2) 单击“Create New Project”。

(3) 输入工程名,选择工程存储路径。

(4) 选择“RTL Project”选项,并勾选“Do not specify sources at this time”选项。

(5) 根据使用的 FPGA 开发平台,选择对应的 FPGA 目标器件。

(6) 确认相关信息与设计所用的 FPGA 器件信息是否一致,一致请单击“Finish”按钮,否则返回上一级修改。

2) 设计文件的输入

(1) 单击“Project Mananger”->“add Sources”。

(2) 选择“add or create design sources”选项。

(3) 单击“Create File”。

(4) 在“Create Source File”对话框中输入 File Name,单击“OK”按钮,单击“Finish”按钮,单击“OK”按钮。

(5) 新建的设计文件即存在于“Sources”下的“Design Sources”中。双击打开该文件,打开后输入该文件的设计代码。如果有多个设计文件则需要多次新建、输入。如果有现有的源设计文件,则可通过“Add Files”按钮添加。

(6) 添加约束文件。单击“Project Mananger”->“add Sources”,选择“Add or Create Constraints”选项,单击“Next”按钮。

(7) 在当前界面中,单击“Create File”,新建一个 XDC 文件,输入 XDC 文件名,单击“OK”按钮,单击“Finish”按钮,单击“OK”按钮。

(8) 在当前界面中,双击打开新建好的 XDC 文件,输入相应的 FPGA 引脚约束信息和电平标准代码。如果已有源 XDC 文件,则可通过“Add Files”按钮添加。

3) 功能仿真

(1) 单击“Project Mananger”->“add Sources”。

(2) 选择“add or create simulation sources”选项。

(3) 在当前界面中,选择“Create File”创建一个仿真激励文件。

(4) 在当前界面中,输入激励文件名称,单击“OK”按钮,单击“Finish”按钮,单击“OK”按钮。

(5) 在“Source”下双击打开空白的激励测试文件,完成对将要仿真的 module 的实例化和激励代码的编写。如果已有源激励文件,则可通过“Add Files”按钮添加。

(6) 进行仿真,在 Vivado 流程处理主界面“Flow Navigator”中单击“Simulation”下的“Run Simulation”选项,并选择“Run Behavioral Simulation”选项。

(7) 生成仿真结果波形图(需要截屏图片)。

注:在输入设计文件、激励文件和约束文件的过程中,如果在“Messages”窗口出现错误信息,则需要按照 Verilog HDL 语法进行改正,直到没有错误信息为止。

4) 设计综合

(1) 找到“Synthesis”选项并展开,选择“Run Synthesis”选项。

(2) 选择“Run Implementation”(运行设计实现)。

(3) 展开“Synthesized Design”选项。

(4) 单击“Schematic”,打开综合原理图(需要截屏图片)。

5) 回答问题

(1) 观察波形可知,当 en 为何值时,data 输出数据?

(2) 当 data 输出存储数据为 c1 时,地址是多少?

6) 根据上述步骤完成实验报告,将实验步骤中要求的图片放到实验报告的最后。

8.2 实验

5. 实验参考程序

1) 设计文件

```
module ROM_ex1 (addr,data,en);
    input [3:0]addr;            //地址选择信号
    input en;                   //使能端
```

```
    output reg [7:0] data;    //数据输出端
    reg[7:0] data1 [15:0];
    always @( * )
    begin
        data1[0]<= 8'b1010_1001;
        data1[1]<= 8'b1111_1101;
        data1[2]<= 8'b1110_1001;
        data1[3]<= 8'b1101_1100;
        data1[4]<= 8'b1011_1001;
        data1[5]<= 8'b1100_0010;
        data1[6]<= 8'b1100_0101;
        data1[7]<= 8'b0000_0100;
        data1[8]<= 8'b1110_1100;
        data1[9]<= 8'b1000_1010;
        data1[10]<= 8'b1100_1111;
        data1[12]<= 8'b1100_0001;
        data1[13]<= 8'b1001_1111;
        data1[14]<= 8'b1010_0101;
        data1[15]<= 8'b0101_1100;
        if (en)
                begin
                    data[7:0]<= data1[addr];
                end
            else
                begin
                    data[7:0]<= 8'bzzzz_zzzz;
                end
        end

endmodule
```

2)仿真激励文件

```
'timescale 1ps/1 ps
module ROM_ex1_vlg_tst( );
    reg [3:0]addr;
    regen;
    wire [7:0]  data;

    ROM_ex1 i1 (
        .addr(addr),
```

```
            .data(data),
           .en(en)
    );
    initial
        begin
              addr = 4'd0;
              en = 1'b0;
              #10addr = 4'd5;
              en = 1'b1;
              #10addr = 4'd9;
              #10addr = 4'd12;
              #10addr = 4'd15;
              $display("Running testbench");
        end

endmodule
```

8.3 用 Verilog HDL 设计一个单周期 CPU

1. 实验目的

(1) 熟悉 Vivado 编译环境,掌握 CPU 设计流程。

(2) 了解在 Vivado 环境下运用 Verilog HDL 语言的编程开发流程,包括源程序的输入、编译、模拟仿真及程序下载。

(3) 掌握使用 Vivado、FPGA 开发板实验的基本流程。

2. 实验内容

(1) 要求实现的 CPU 结构包括:一个运算器、一个控制器、一个寄存器组。

运算器需要包括:算术单元、逻辑单元。

控制器需要包括:程序计数器、指令寄存器、控制字寄存器、指令译码器、状态寄存器。

单周期 CPU:即一个时钟周期完成一条指令的 CPU。

本 CPU 能够实现两条指令:加法指令,减法指令。

(2) 要求实现的功能:能够从寄存器组中取出两个数到运算器进行加减法运算,并具有运算器综合、溢出判断、控制器综合的功能。

(3) 掌握 Vivado 编译环境的使用。

(4) 理解并掌握 Verilog HDL 语言的编程开发流程。

3. 实验要求

(1) 在 Vivado 环境下完成对电路工作情况的仿真模拟。

(2) 完成实验的设计综合。

4. 实验步骤

1) 新建工程

(1) 打开 Vivado 开发工具。

（2）单击“Create New Project”。

（3）输入工程名，选择工程存储路径。

（4）选择“RTL Project”选项，并勾选“Do not specify sources at this time”选项。

（5）根据使用的 FPGA 开发平台，选择对应的 FPGA 目标器件。

（6）确认相关信息与设计所用的 FPGA 器件信息是否一致，一致请单击“Finish”按钮，否则返回上一级修改。

2）设计文件的输入

（1）单击“Project Mananger”—>“add Sources”。

（2）选择“add or create design sources”选项。

（3）单击“Create File”。

（4）在“Create Source File”对话框中输入 File Name，单击“OK”按钮，单击“Finish”按钮，单击“OK”按钮。

（5）新建的设计文件即存在于 Sources 下的 Design Sources 中。双击打开该文件，打开后输入该文件的设计代码。如果有多个设计文件则需要多次新建、输入。如果有现有的源设计文件，则可通过“Add Files”按钮添加。

（6）添加约束文件。单击“Project Mananger”—>“add Sources”，选择“Add or Create Constraints”选项，单击“Next”按钮。

（7）在当前界面中，单击“Create File”，新建一个 XDC 文件，输入 XDC 文件名，单击“OK”按钮，单击“Finish”按钮，单击“OK”按钮。

（8）在当前界面中，双击打开新建好的 XDC 文件，输入相应的 FPGA 引脚约束信息和电平标准代码。如果已有源 XDC 文件，则可通过“Add Files”按钮添加。

3）功能仿真

（1）单击“Project Mananger”—>“add Sources”。

（2）选择“add or create simulation sources”选项。

（3）在当前界面中，选择“Create File”创建一个仿真激励文件。

（4）在当前界面中，输入激励文件名称，单击“OK”按钮，单击“Finish”按钮，单击“OK”按钮。

（5）在“Source”下双击打开空白的激励测试文件，完成对将要仿真的 module 的实例化和激励代码的编写。如果已有源激励文件，则可通过“Add Files”按钮添加。

（6）进行仿真，在 Vivado 流程处理主界面“Flow Navigator”中单击“Simulation”下的“Run Simulation”选项，并选择“Run Behavioral Simulation”选项。

（7）生成仿真结果波形图（需要截屏图片）。

注：在输入设计文件、激励文件和约束文件的过程中，如果在 Messages 窗口出现错误信息，则需要按照 Verilog HDL 语法进行改正，直到没有错误信息为止。

4）设计综合

（1）找到“Synthesis”选项并展开，选择“Run Synthesis”选项。

（2）选择“Run Implementation（运行设计实现）”选项。

（3）展开“Synthesized Design”选项。

（4）单击“Schematic”，打开综合原理图（需要截屏图片）。

5）问题：如何编程实现减法指令：3-4？写出实现的测试程序代码，并测试。

8.3 实验

6）根据上述步骤完成实验报告，将实验步骤中要求的图片放到实验报告的最后。

5. 实验参考程序

1）设计文件

```
'timescale 1ns/1ps
module CPU_top(
    input clk,
    input rst,
    input [7:0] CMD,
    input start,
    input [7:0]Addr_1,
    input [7:0]Addr_2,
    output [7:0]data_out,
    output out_valid,
    output overflow
    );

    wire [7:0]Address_1;
    wire [7:0]Address_2;
    wire [7:0]compute;
    wirec_state;
    wire [7:0]data_1;
    wire [7:0]data_2;

    control control_1(
    .clk(clk),
    .rst(rst),
    .start(start),
    .cmd(CMD),
    .Addr_1(Addr_1),
    .Addr_2(Addr_2),
    .Address_1(Address_1),
    .Address_2(Address_2),
    .compute(compute),
    .c_state(c_state)
    );
```

```
    data_ram data_ram_1(
    .clk(clk),
    .en(c_state),
    .rst(rst),
    .addr_1(Address_1),
    .addr_2(Address_2),

    . dout_1(data_1),
    . dout_2(data_2)
    );

    compute compute_1(
    .clk(clk),
    .rst(rst),
    .comput(compute),
    .state(c_state),
    .data_1(data_1),
    .data_2(data_2),
    .out(data_out),
    .over(overflow),
    .out_vld(out_valid)
    );
endmodule

'timescale 1ns/1ps
module add_8(
    input x,
    input y,
    input c_in,
    output sum,
    output c_out
    );
    assign sum = x^y^c_in;
    assignc_out = (x & y)|(x & c_in)|(y & c_in);
endmodule

'timescale 1ns/1ps
module compute(
    input clk,
```

```
input rst,
input [7:0]comput,
input state,
input [7:0] data_1,
input [7:0] data_2,
output [7:0] out,
output  over,
output regout_vld
);

reg [7:0]out_tmp,over_tmp;                        //结果输出 溢出结果
wire add_judge,minus_judge;
assign add_judge = is_same(comput,1,state);       //即(comput == 1) && state
assign minus_judge = is_same(comput,2,state);     //即(comput == 2) && state
always@(posedge clk or negedge rst)
if(~rst)
begin
    out_tmp<= 0;
    out_vld<= 0;
end
else if(add_judge)                                //加法,并且使能端有效
begin

    add8(data_1,data_2,out_tmp,over_tmp);
    out_vld<= 1;                                  //输出有效置 1
end
else if(minus_judge)                              //减法,并且使能端有效
begin
    sub8(data_1,data_2,out_tmp,over_tmp);
    out_vld<= 1;
end
else
begin
    out_vld<= 0;
end                                   //运算符既不是 1 也不是 2 输出有效置 0

assign over = (out_tmp>255 || out_tmp<0)? 1:0;
assign over = over_tmp;
assign out = out_tmp[7:0];
```

```
function  is_same;                    // == 运算符的逻辑门实现，以及使能状态的判断
    input [7:0] I0,I1;
    input state;
    begin
      is_same = (& (I0 ^~ I1)) && state;
    end
endfunction
task add8;                            //8 位全加器
   input [7:0]a,b;
   output [7:0] sum;
   output c_out;
   integer i;
   reg c_in;
   begin
       c_in = 0;
       begin
           for(i = 0;i<8;i = i + 1)
           begin
               add1(a[i],b[i],c_in,sum[i],c_out);
               c_in = c_out;
           end
       end
   end
endtask

   task add1;                         //1 位全加器
   input a,b,c_in;                    //加数、被加数、前一次运算的进位
   output sum,c_out;                  //本位的和、本位运算后是否有进位
   begin
       sum = a^b^ c_in;               //异或
       c_out = (a & b)|(a & c_in)|(b & c_in);
   end
endtask

   task sub8;                         //8 位全减器
   input   [7:0]a,b;
   output  [7:0] diff;
   output  c_in;                      //借位
```

```
    integer i;
    regc_out;
    begin
        c_out = 0;
        for(i = 0;i<8;i = i + 1)
            begin
                sub1(a[i],b[i],c_out,diff[i],c_in);
                c_out = c_in;
             end
    end
endtask

    task sub1;                          //1 位全减器
    input a,b,c_out;                    //被减数、减数、低位是否向本位借位
    output diff,c_in;                   //本位减运算结果,本位是否向高位借位

    begin
        diff = a^b^ c_out;
        c_in = (~a&(b^c_out))|(b&c_out);
    end

endtask
endmodule

'timescale 1ns/1ps
module control(
    input clk,
    input rst,                          //复位
    input start,                        //使能 连接 en
    input [7:0]cmd,                     //1 是加法 2 是减法
    input [7:0] Addr_1,
    input [7:0] Addr_2,

    output [7:0] Address_1,
    output [7:0] Address_2,
    output [7:0] compute,               //相当于 cmd 1 是加法 2 是减法
    outputc_state                       //1 是 运算有效 0 是无效
    );
```

```
//reg [7:0]ADD;
//reg [7:0]SUB;
parameter ADD = 1;
parameter SUB = 2;
reg [7:0] Address_1_t;          //一个数字的地址
reg [7:0] Address_2_t;          //一个数字的地址
reg [7:0]compute_t;             //加减选择 0 加 1 减
regc_state_t;                   //运算有效位

wire is_add,is_sub;
assign is_add = is_same(cmd,ADD); //加法选择判断
assign is_sub = is_same(cmd,SUB); //减法选择判断

always@(posedge clk or negedge rst)//时钟上升沿或复位下降沿有效 执行下面的代码
if(~rst)                        //复位低电平有效
begin
     Address_1_t = 0;           //0 赋值给 address
     Address_2_t = 0;
     compute_t = 0;
     c_state_t = 0;
end
else if(start)                  //enable 使能有效
begin
     Address_1_t = Addr_1;      //输入 Addr_1 赋值给输出 Address_1_t
     Address_2_t = Addr_2;

     if (is_add)//  verilog 的 if 判断,条件不允许是表达式,必须是一个变量
       begin
          compute_t = 1;        //向运算器传递加法器选择命令
          c_state_t = 1;
       end
     //compute_t 与 cmd 相同,都是 1 是加法 2 是减法 cmd 是输入 compute_t 是输出
     else if (is_sub)
       begin
          compute_t = 2;        //向运算器传递减法器选择命令
          c_state_t = 1;
       end
     else
       c_state_t = 0;           //c_state_t 0 表示运算无效 1 是运算有效
end
```

```
    //这个模块的最后输出
    assign Address_1 = Address_1_t;
    assign Address_2 = Address_2_t;
    assign compute = compute_t;
    assign c_state = c_state_t;

function  is_same;// == 实现

      input [7:0] I0,I1;
      begin
        is_same = (& (I0 ^~ I1));
      end

endfunction
endmodule

'timescale 1ns/1ps
module data_ram(
    input  clk,
    input  en,                        //使能标志,开始运行后一直置1
    input  rst,                       //复位,仿真时,由rst置1开始运行仿真
    input  [7:0] addr_1,              //输入地址
    input  [7:0] addr_2,

    output [7:0] dout_1,              //输出数据
    output [7:0] dout_2
    );
    reg [7:0] RAM[0:9];               //10个8bit的存储器
    integer  cnt;
    always@(posedge rst)              //复位端上升沿有效执行下面的程序
        for(cnt = 0;cnt<10;cnt = cnt + 1) //初始化寄存器的数据
            begin
                case(cnt)
                    0:RAM[0] = 100;
                    1:RAM[1] = 2;
                    2:RAM[2] = 3;
                    3:RAM[3] = 2;
                    4:RAM[4] = 2;
```

```
                5:RAM[5] = 50;
                6:RAM[6] = 70;
                7:RAM[7] = 90;
                8:RAM[8] = 10;
                9:RAM[9] = 30;
            endcase
        end
    assign dout_1 = en? RAM[addr_1]:0;
    assign dout_2 = en? RAM[addr_2]:0;
endmodule

'timescale 1ns/1ps
moduleis_same(
    input [9:0] I0,
    input [9:0] I1,
    output O
    );
endmodule
```

2）仿真激励文件

```
'timescale 1ps/1 ps
module CPU_test(
    );
    reg [7:0]CMD;
    reg start;
    reg [7:0]Addr_1;
    reg [7:0]Addr_2;
    wire [7:0]data_out;
    wire  out_valid;
    wire  overflow;
    reg   Clk;
    reg   Rst_n;

    CPU_top  CPU_1(
    .clk(Clk),
    .rst(Rst_n),
    .CMD(CMD),
    .start(start),
    .Addr_1(Addr_1),
    .Addr_2(Addr_2),
```

```
        .data_out(data_out),
        .out_valid(out_valid),
        .overflow(overflow)
        );
        initial Clk = 1;
        always #('clk_period/2)Clk = ~Clk;  //跳变
        initial begin
            Rst_n = 1'b0;                  //一位二进制数 0
            #('clk_period * 5);            //z 在 20 * 5 个单位时间后执行下面的
            Rst_n = 1'b1;                  //一位二进制 1 赋值给 Rst_n
            CMD = 2;                       //减法
            start = 1;
            Addr_1 = 1;
            Addr_2 = 2;
            #'clk_period;                  //编译预处理指令 一个时钟周期后执行下面
            #('clk_period * 5);
            Addr_1 = 3;
            Addr_2 = 4;
            #'clk_period;
            #('clk_period * 5);
            CMD = 1;
            Addr_1 = 6;
            Addr_2 = 5;
            #'clk_period;
            #('clk_period * 5);
            Addr_1 = 8;
            Addr_2 = 0;
            #'clk_period;
            #('clk_period * 5);
            Addr_1 = 9;
            Addr_2 = 7;
            #'clk_period;
            #('clk_period * 5);
            Addr_1 = 0;
            Addr_2 = 9;
            #'clk_period;
            $stop;
        end
    endmodule
```

8.4　Proteus 跑马灯动态显示

1. 实验目的

(1) 熟悉 Protues 仿真软件的使用。

(2) 掌握一般模拟 I/O 电路的设计方法。

(3) 掌握使用 AT89C51 单片机及其汇编语言设计 I/O 程序的方法。

2. 实验内容

(1) 用 Protues 设计二极管跑马灯动态显示，要求从上到下排列 8 盏灯，8 盏灯循环显示从外到内，在从内到外，在从上到下依次各显示 4 次。

(2) 练习使用 AT89C51 单片机进行汇编语言编程。

3. 实验要求

(1) 使用 Proteus 仿真软件完成实验内容。

(2) 掌握设计二极管跑马灯电路及程序的方法。

4. 实验步骤

(1) 创建一个 Proteus 项目。

(2) 按照如下 Proteus 跑马灯显示电路原理图进行设计。

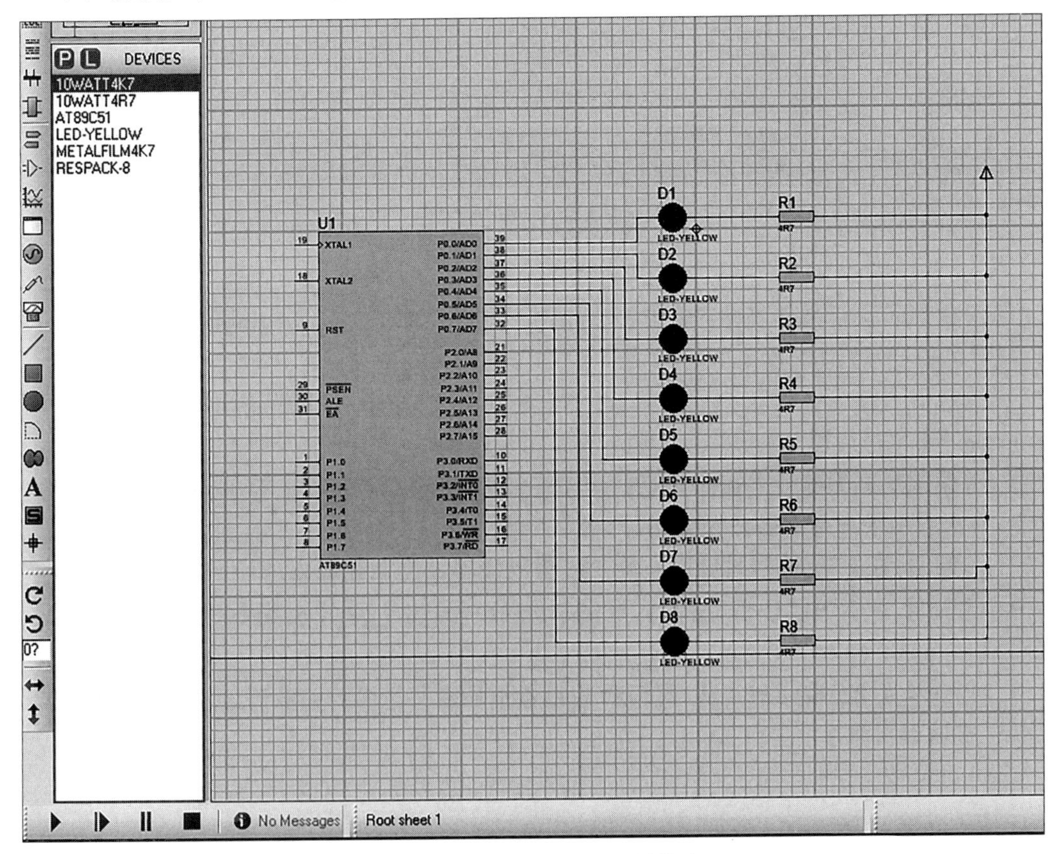

图 8-1　从 Proteus 调出元器件库

（3）编译程序。图 8-1 中右键单击 AT89C51 选择 Edit Source，选择默认值，在图 8-2 中的 main.asm 中输入跑马灯设计代码。输入完成后在 Build 选项中，选择 Build Project，编译并修改跑马灯汇编代码，直到没有错误为止。

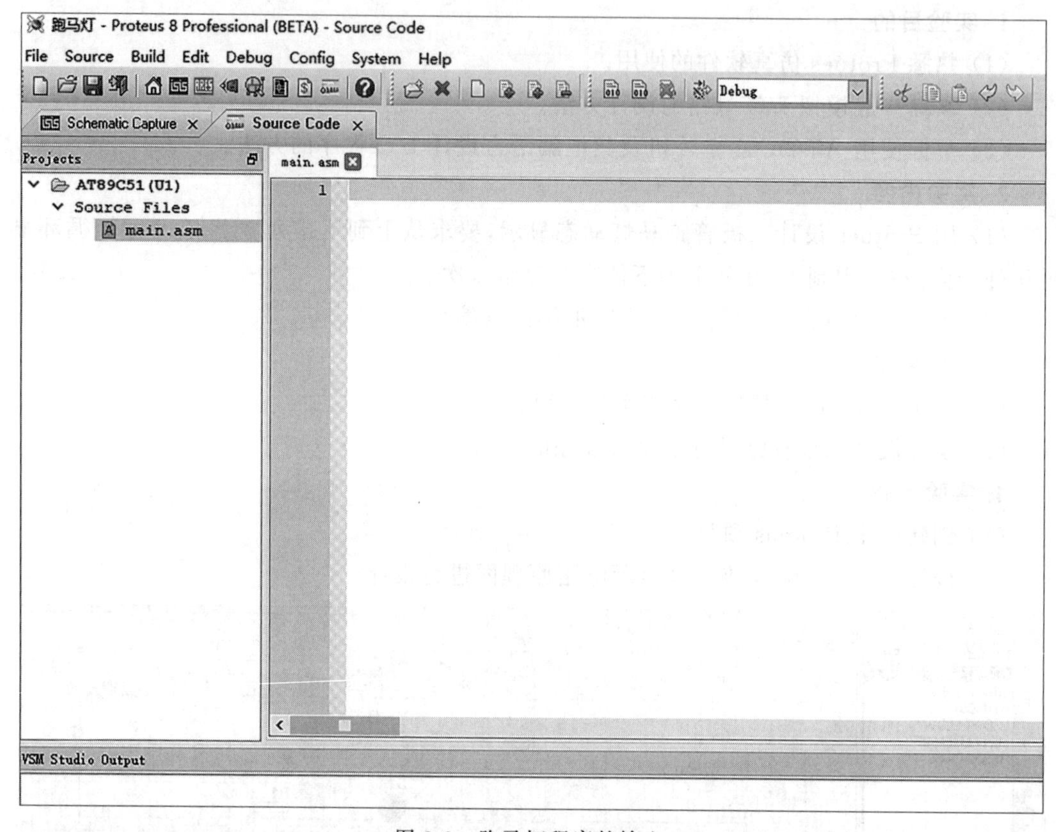

图 8-2　跑马灯程序的输入

（4）生成可执行文件。图 8-2 中 Debug 项改选为 Release，选择"Build Project"选项，生成可执行 AT89C51.HEX。

在图 8-1 中，右键单击"AT89C51"，选择"Edit Properties"选项，如图 8-3 所示，在 Program File 中，选择 AT89C51.HEX，单击"OK"按钮。

（5）模拟仿真的执行。在图 8-1 中，单击"=>"(Run simulation)按钮，运行跑马灯仿真程序，要求对结果进行截屏并保留图片。

（6）问题：在 8-1 图中，假设用 4 位二进制数代表 1 位十进制数，如何编程使得上述电路能够显示你自己学号的后两位？写出实现的汇编程序代码。

（7）根据上述步骤完成实验报告，实验报告最后附实验电路的截图。

8.4 实验

5. 实验参考程序

```
org 00h
ljmp start
org 0030h
```

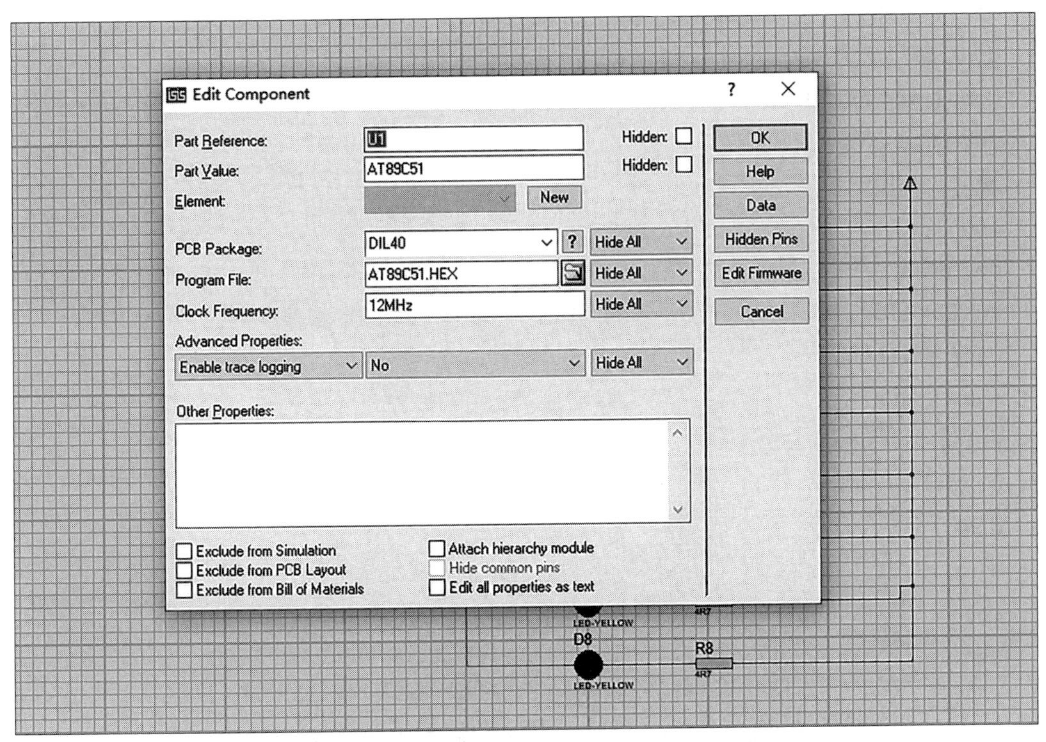

图 8-3　选择已完成的可执行文件

```
start:mov r0,#4
mov r1,#31
loop1:mov p0,#0ffh
acall delay
mov p0,#7eh
acall delay
mov p0,#3ch
acall delay
mov p0,#18h
acall delay
mov p0,#00h
acall delay
mov p0,#18h
acall delay
mov p0,#3ch
acall delay
mov p0,#7eh
acall delay
mov p0,#0ffh
```

```
acall delay
djnz r0,loop1
loop2:mov a,#0feh
mov p0,a
acall delay
loop3:rl a
mov p0,a
acall delay
djnz r1,loop3
ajmp start
delay:mov r3,#255
d1:mov r4,#255
djnz r4,$
djnz r3,d1
ret
end
```

8.5 Proteus 数码管动态显示

1. 实验目的

(1) 熟悉 Protues 仿真软件的使用。

(2) 掌握一般模拟 I/O 电路的设计方法。

(3) 掌握使用 AT89C52 单片机及其汇编语言设计 I/O 程序的方法。

2. 实验内容

(1) 用 Protues 设计实现数码管动态显示,4 位数码管中显示数字 0123。

(2) 练习使用 AT89C52 单片机进行汇编语言编程。

3. 实验要求

(1) 使用 Proteus 仿真软件完成实验内容。

(2) 掌握设计 4 位数码管数字显示电路及程序的方法。

4. 实验步骤

(1) 创建一个 Proteus 项目。

(2) 按照如下 Proteus 数码管显示电路原理图进行设计。

(3) 编译程序。图 8-4 中右键单击 AT89C52 选择"Edit Source",选择默认值,在图 8-5 中的 main.asm 中输入数码管数字显示设计代码。输入完成后在"Build"选项中,选择"Build Project",编译并修改数码管数字显示汇编代码,直到没有错误为止。

(4) 生成可执行文件。图 8-5 中"Debug"选项改选为 Release,选择"Build Project",生成可执行 AT89C52.HEX。在图 8-3 中,右键单击"AT89C52",选择"Edit Properties",如图 8-6所示,在"Program File"中,选择"AT89C52.HEX",单击"OK"按钮。

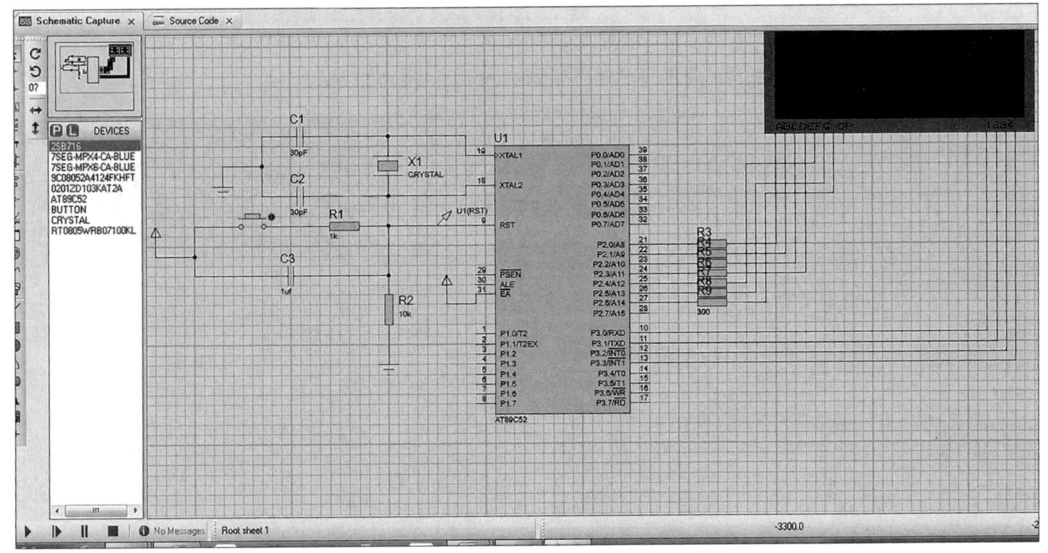

图 8-4　从 Proteus 调出元器件库

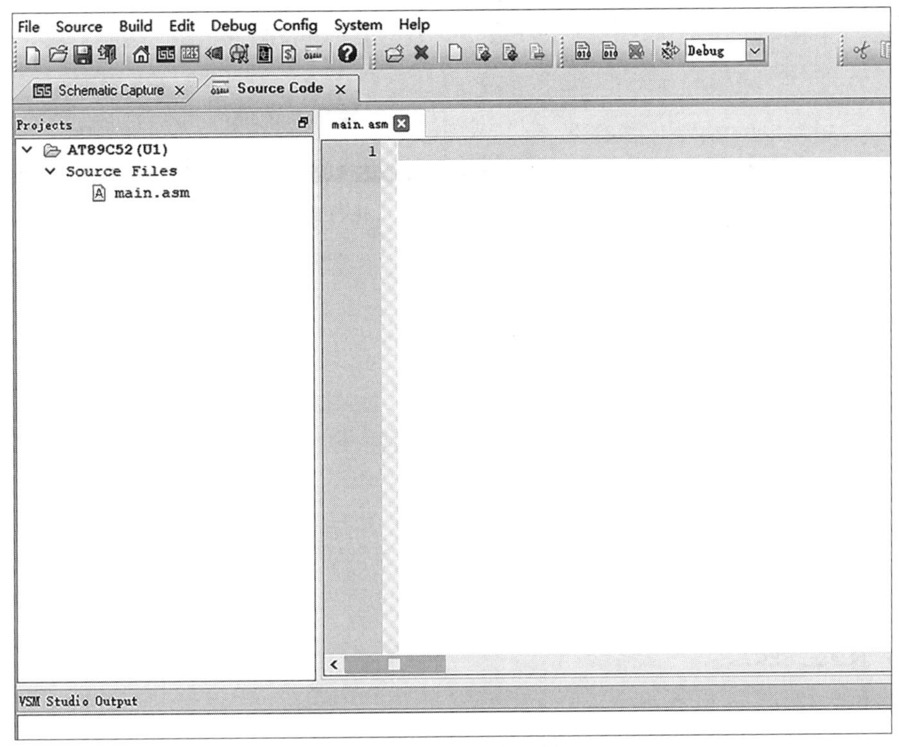

图 8-5　数码管程序的输入

(5) 模拟仿真的执行。在图 8-4 中,单击“->”(Run simulation)按钮,运行数码管数字显示仿真程序,要求对结果进行截屏并保留图片。

8.5 实验

(6) 问题:在 8-4 图中,如何编程使得上述电路能够显示你自己学号的前 4 位? 写出实现的汇编程序代码。

(7) 根据上述步骤完成实验报告,实验报告最后附实验电路的截图。

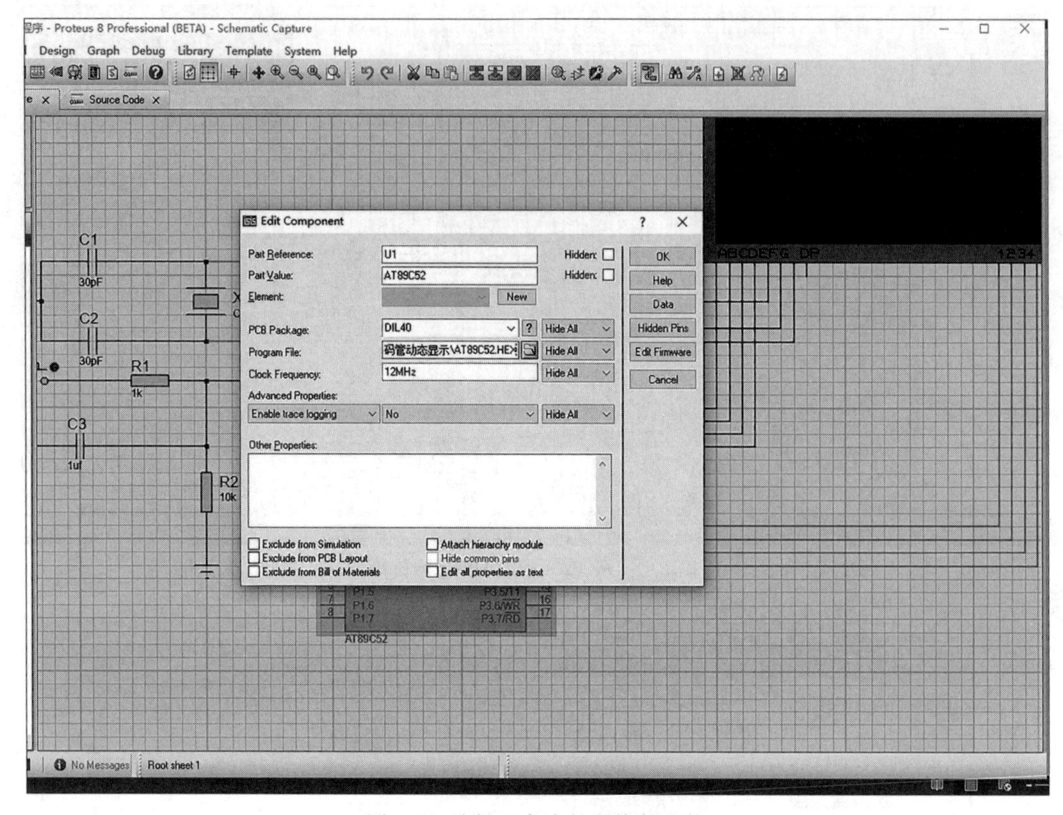

图 8-6　选择已完成的可执行文件

5. 实验参考程序

```
ORG 00H
SJMP STAR
ORG 30H
STAR:MOV P2,#0FFH
    MOV P3,#0FFH
ST1:MOV R0,#0
    MOV R1,#01H
ST2:MOV A,R0
    LCALL SEG7
    MOV P2,A
    MOV A,R1
    MOV P3,A
    LCALL DLY        ;延时 10 ms
    MOV P3,#00H      ;关闭位选通
    INC R0
    CJNE R0,#4H,ST3
    SJMP ST1
```

```
ST3:MOV A,R1
    RL A
    MOV R1,A
    SJMP ST2
DLY:MOV R7,#20      ;延时 10 ms
    MOV R6,#0
DLY1:DJNZ R6,$
    DJNZ R7,DLY1
    RET
SEG7:INC A
    MOVC A,@A+PC
    RET
    DB 0C0H,0F9H,0A4H,0B0H
    DB 99H,92H,82H,0F8H
    DB 80H,90H,88H,83H
    DB 0C6H,0A1H,86H,8EH
END
```

参 考 文 献

［1］ 袁春风.计算机系统基础［M］. 北京：机械工业出版社，2014.

［2］ 杨志奇.基于 PROTEUS 的微机接口实训［M］.北京：北京邮电大学出版社，2016.

［3］ 袁春风，余子濠.计算机系统基础［M］. 2 版.北京：机械工业出版社，2018.

［4］ 何颖，杨志奇，李春阁.计算机系统平台［M］.北京：北京邮电大学出版社，2018.

［5］ 张冬冬，王力生，郭玉臣.数字逻辑与组成原理实践教程［M］.北京：清华大学出版社，2018.

［6］ 王秀娟，魏坚华，贾熹滨，等.数字逻辑基础与 Verilog 硬件描述语言［M］.2 版.北京：清华大学出版社，2020.

［7］ 张雯雰，朱卫平，肖娟. 计算机组成原理实验教程［M］.北京：清华大学出版社，2021.